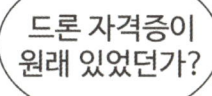

PREFACE 머리말

"드론의 미래란 무엇인가?" 강연 후 많이 받는 질문이지만, 드론 분야에서 상당한 시간 이론과 현장을 체험한 전문가들도 이에 대한 설명이나 답변은 점점 더 어려워지고 있다고 말하고 있다. 눈부신 과학기술의 발전 덕분에 드론에 대한 정의와 개념, 여기에 더해 외부 형태와 성능까지도 시시각각으로 변화하고 있기 때문이다. 최근 우크라이나 전쟁을 통해 군용 드론은 인적 피해 없이 중요한 목표물을 제거하는 임무를 완수할 수 있음을 입증해 보이면서 전장의 판도를 완전히 뒤바꾸고 있다. "드론 없는 미래 전장은 상상조차 할 수 없다"라는 말이 현실로 다가온 것이다. 일명 "게임 체인저"가 되가고 있다.

AI 기술융합의 발전을 통해 드론은 크기가 점점 작아지고 있고 가격이 저렴해지고 있는 반면에 기능과 성능은 점점 더 향상되고 있다. 이제 드론은 앞으로 더 이상 강대국들의 전유물이 아니다. 지금까지 우리가 값비싼 첨단무기라고 생각해왔던 군용 드론은 이제 누구나 손쉽게 취득할 수 있는 저렴한 범용무기가 되어버린 것이다. 드론은 미래 전쟁에서 승리를 위한 필수 조건 중 하나로 평가받고 있다.

이처럼 군사 분야뿐만 아니라 상업적 용도로도 드론의 대중화는 이제 멀지 않은 현실로 인식되고 있다. 드론을 상업적 목적으로 활용하려는 움직임 역시 세계적인 코로나바이러스 확산과 맞물려 활발하게 추진되고 있다. 코로나바이러스의 전 세계적인 대유행은 드론의 상업적 가치를 더욱 배가시키고 있다. 드론을 활용함으로써 다양한 서비스 산업의 비대면 전환 요구와 문제를 해결할 수 있기 때문이다.

매의 눈(the eye in the sky)으로 시각 혁명을 선도하는 고해상도 영상 촬영 드론, 재난구조용 드론, 지도 제작용 드론, 부동산 관리를 위한 드론, 공중 인터넷 사업을 이끄는 위성 드론, 대기 및 환경오염을 실시간으로 감시하는 환경 드론, 교통·소방·감시·질서 유지를 책임지는 치안 드론, 6차 산업을 이끄는 농업용 드론, 발전소를 비롯한 에너지 분야의 사고를 최소화하기 위한 보안 드론, 건설 현장의 안전과

건설 과정 감리를 위한 건설용 드론, 하늘길을 열 UAM(Urban Air Mobility)등에 이르기까지 현대 사회에서 드론의 역할과 용도는 실로 다양하며 활용 범위 역시 점점 더 확대될 것이고 발전해 나갈 것이다.

드론은 과학기술의 발전과 함께 이제는 새로운 시대의 아이콘으로 주목받고 있다. 대다수의 미래학자들이 스마트폰의 등장과 비교할 정도로 드론의 발전은 큰 파급력을 갖고 있으며, 그 발전 가능성 역시 한계가 없는 것으로 평가된다. 드론은 먼 미래의 환상이 아니라 눈앞의 현실로 우리의 일상생활에 점점 더 큰 영향을 미치고 있으며, 그 파급력은 시간이 지날수록 더욱 강력해질 것이다. 미래 과학기술은 물론 미래 사회 변화를 논함에 있어 앞으로 S/W 기술과 융합되면서 인공지능 드론을 빼놓고는 대화가 되지 않을 정도로 그 중요성은 커질 것이다.

드론관련 자격증 수험서를 출간 한지 4년이란 세월이 흘렀고, 그동안 많은분들이 출간된 교재를 통해 드론조종자 자격과 지도자 자격증을 취득했다. 드론자격증에 대한 규정도 새로 변경되었으며, 세분화되어 개정판이 필요성이 대두되었고, 기출 문제의 다양성으로 자격증 취득이 점점 어려워지고 있는 시점에서 개정판을 발간하게 된 것을 매우 기쁘게 생각한다. 개정된 교재를 통해 새롭게 드론조종자격에 도전하는 분들이 한방에 필기시험에 통과되고 충분한 실기 연습과 함께 드론전문가의 길을 가기를 희망해 본다.

인도 델리에서

Chapter 01   드론 용어집   17

01 기본용어   17
02 제품에 대한 용어   20
03 기능에 대한 용어   22
04 부품에 대한 용어   24
05 조작에 대한 용어   29

Chapter 02   알기 쉬운 항공기의 종류   31

01 항공기의 종류   31
02 초경량비행장치의 기준   32
03 항공기 등의 종류   33

Chapter 03   드론 필기 끝내기 핵심요약   37

01 목적 및 용어의 정의   37
02 공역 및 비행제한   38
03 초경량비행장치 범위 및 종류   39
04 신고를 요하지 아니하는 초경량비행장치   40
05 초경량비행장치의 신고 및 안전성인증   40
06 초경량비행장치 변경/이전/말소   41
07 초경량비행장치의 비행자격 등   42
08 비행계획 승인   43
09 초경량비행장치 조종자 준수사항   45
10 초경량비행장치 사고, 조사 및 벌칙   46
11 비행 준비 및 비행 전·후 점검   47

12	비행 절차	47
13	기체의 각 부분과 조종면의 명칭 및 이해	48
14	추력 부분의 명칭 및 이해	49
15	기초비행 이론 및 특성	50
16	엔진고장 등 비정상 상황 시 절차	51
17	비행장치의 안정과 조종	52
18	송수신 장비 관리 및 점검	53
19	배터리의 관리 및 점검	53
20	조종자의 소양과 역할	54
21	비행장치에 미치는 힘	54
22	공기 흐름의 성질	55
23	날개 특성 및 형태	55
24	지면효과 및 후류 등	56
25	비행 관련 정보(AIP, NOTAM) 등	57
26	대기의 구조 및 특성	57
27	착빙	58
28	기온과 기압	62
29	바람과 지형	64
30	시정 및 시정장애현상	66
31	구름	67
32	고기압과 저기압	69
33	기단	70
34	전선	72
35	뇌우 및 난기류	73

Chapter 04 드론조종자격 필기 예상문제 75

01	항공법규	75
02	항공기상	88
03	비행이론 및 운용	99

CONTENTS 차례

Chapter 05   **CBT 기출문제**   **128**

01 초경량비행장치 기출문제 Ⅰ   128
02 초경량비행장치 기출문제 Ⅱ   140
03 초경량비행장치 기출문제 Ⅲ   153
04 초경량비행장치 기출문제 Ⅳ   166
05 초경량비행장치 기출문제 Ⅴ   178
06 초경량비행장치 기출문제 Ⅵ   191
07 초경량비행장치 기출문제 Ⅶ   204

교관   **지도자교관 예상문제**   **217**

01 지도자교관 예상문제 Ⅰ   218
02 지도자교관 예상문제 Ⅱ   228
03 지도자교관 예상문제 Ⅲ   236
04 지도자교관 예상문제 Ⅳ   248

초경량비행장치조종자 응시자격 안내

무인멀티콥터 응시기준
(항공안전법 시행규칙 제306조, 초경량비행장치 조종자 증명 운영세칙)

무인멀티콥터 조종자 1종 ~ 3종 연령은 만 14세 이상, 4종은 만 10세 이상이고 지도조종자, 실기평가조종자는 만 18세 이상이다.

구분	나이 제한	최대이륙중량	경력	비행경력
1종	만14세 이상	25kg 초과 150kg 이하 (안전성인증 대상 기체이다)	필기 및 실기시험, 비행경력 20시간	• 2종 무인멀티콥터 자격소유자 15시간 이상(5시간 인정) • 3종 무인멀티콥터 자격소유자는 17시간 이상(3시간 인정), 무인헬리콥터 자격소지자는 10시간 이상의 비행시간 (10시간 인정) 필요
2종	만14세 이상	7kg 초과 ~ 25kg 이하	필기 및 약식 실기시험, 비행경력 10시간	• 3종 무인멀티콥터 자격소지자 7시간 이상(3시간 인정) • 2종 무인헬리콥터 자격소지자 5시간 이상(5시간 인정)의 비행시간 필요
3종	만14세 이상	2kg 초과 ~ 7kg 이하	필기시험, 비행경력 6시간	• 2종 무인헬리콥터 자격소지자 3시간 이상(3시간 인정) 비행시간 필요
4종	만10세 이상	250g 초과 ~ 2kg 이하 (일반적으로 취미용에 적당한 크기의 드론)	온라인(online) 무료교육 후 시험, 비행경력 불필요 (실기시험 없음)	-

무인멀티콥터 자격증 취득 기준 요약표

구분	온라인 교육	비행경력	학과	실기
1종	X	1종 기체를 조종한 시간 : 20시간 (2종 자격취득자 5시간, 3종은 3시간 이내 인정)	O	O
2종	X	1종 또는 2종 기체를 조종한 시간 : 10시간 (3종 자격취득자 3시간 이내에서 인정)	O	O
3종	X	1종, 2종 또는 3종 기체를 조종한 시간 : 6시간	O	X
4종	O	X	X	X

자격취득 절차

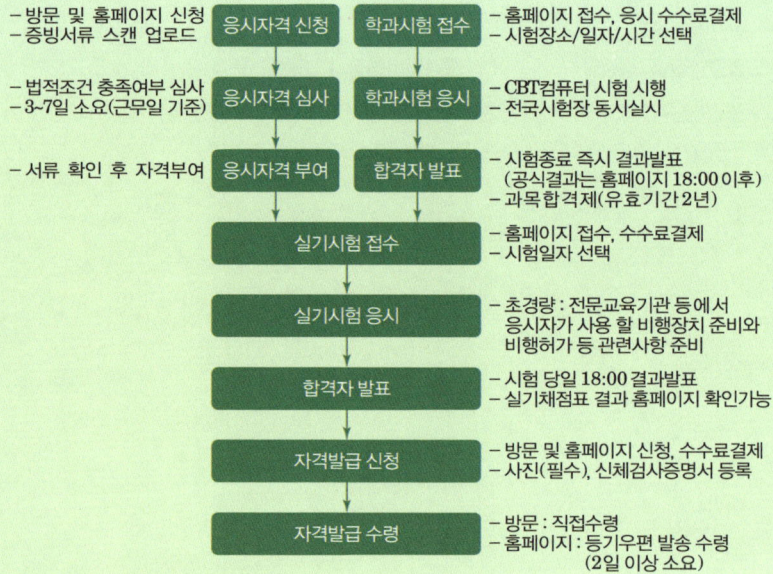

응시자격 제출서류

- (필수) 비행경력증명서 1부
- (필수) 유효한 보통 2종 이상 운전면허 사본 1부
  * 2종 보통 운전면허를 발급받기 위한 신체검사증명서 또는 항공신체검사증명서
- (추가) 전문교육기관 이수증명서 1부(전문교육기관 이수자에 한함)

응시자격 신청방법

- 정의 : 항공안전법 등 관련규정에 의한 응시자격 조건이 충족되었는지를 확인하는 절차
- 시기 : 학과시험 접수 전부터(학과시험 합격 무관) ~ 실기시험 접수 전까지
- 기간 : 신청 후 근무일 기준 7일 이내(실기시험 접수 전 미리 신청)
- 장소 : 홈페이지 [응시자격신청]메뉴 이용
- 대상 : 자격종류가 다를 때마다 신청
  * 대상이 같은 경우 한번만 신청 가능하며 한번 신청된 것은 취소 불가
- 효력 : 최종합격 전까지 한번만 신청하면 유효성확인
  * 학과시험 유효기간 2년이 지난 경우 제출서류가 미비하면 다시 제출
  * 제출서류에 문제가 있는 경우 합격했더라도 취소 및 민형사상 처벌 가능

- 절차 : (응시자) 제출서류 스캔파일 등록 → (응시자) 해당자격 신청 → (공단) 응시조건/면제조건 확인/검토 → (공단) 응시자격처리(부여/기각) → (공단) 처리결과 통보(SMS) → (응시자) 처리결과 홈페이지 확인

초경량비행장치조종자 학과시험 안내
학과시험 시험과목 및 범위

자격종류	과목	범위
초경량 비행장치 조종자 (통합 1과목 40문제, 50분)	항공법규	해당 업무에 필요한 항공법규
	항공기상	• 항공기상의 기초지식 • 항공기상 통보와 기상도의 해독 등 (무인비행장치는 제외) • 항공에 활용되는 일반기상의 이해 등 (무인비행장치에 한함)
	비행이론 및 운용	• 해당 비행장치의 비행 기초원리 • 해당 비행장치의 구조와 기능에 관한 지식 등 • 해당 비행장치 지상활주(지상활동) 등 • 해당 비행장치 이·착륙 • 해당 비행장치 비상절차 등 • 해당 비행장치 안전관리에 관한 지식 등

학과시험 접수방법

- 인터넷 : TS 국가자격시험 홈페이지 내 원서접수(학과시험)
- 결제수단 : 인터넷(신용카드, 계좌이체)
- 접수제한 : 정원제 접수에 따른 접수인원 제한
- 응시제한 : 이미 접수한 시험의 결과가 발표된 이후 다음시험 접수 가능
  * 목적 : 응시자 누구에게나 공정한 응시기회 제공

학과시험 응시수수료 (항공안전법 시행규칙 제321조 및 별표 47)

자격종류	응시수수료(부가세 포함)	비고
초경량비행장치조종자	48,400원	

학과시험 면제기준

구분	응시하고자 하는 자격	해당사항		면제과목
다른 종류의 자격을 보유한 경우	초경량비행장치조종자 (무인헬리콥터, 무인멀티콥터)	초경량 비행장치 조종자	무인헬리콥터 (취득 후 2년 이내에만 면제)	무인멀티콥터 학과시험
			무인멀티콥터 (취득 후 2년 이내에만 면제)	무인헬리콥터 학과시험
전문교육기관을 이수한 경우	초경량비행장치조종자	초경량비행장치 조종자/종류 과정 이수 ('21.3.1 이후 과정을 입과한 사람은 수료일로부터 2년 이내에만 면제 가능)		전과목

학과시험 시행방법

- 시행방법 : 컴퓨터에 의한 시험 시행
- 문 제 수 : 항공법규, 항공기상, 비행이론 및 운용 통합 40문항(50분)
- 응시제한 및 부정행위 처리
  * 시험 시작시간 이후에 시험장에 도착한 사람은 응시 불가
  * 시험 도중 무단으로 퇴장한 사람은 재입장 할 수 없으며 해당 시험 종료처리
  * 부정행위 또는 주의사항이나 시험감독의 지시에 따르지 아니하는 사람은 즉각 퇴장조치 및 무효처리하며, 향후 2년간 공단에서 시행하는 자격시험의 응시자격 정지

학과시험 합격발표

- 합격발표 : 시험종료 즉시 결과확인(공식적인 결과발표는 홈페이지로 18 : 00 발표)
- 합격기준 : 70% 이상 합격
- 학과합격 유효기간 : 최종과목 합격일로부터 2년간 합격 유효
- 실기접수 유효기간 : 학과시험 합격일로부터 2년간 유효
- 합격취소 : 응시자격 미달 또는 부정한 방법으로 시험에 합격한 경우 합격 취소

초경량비행장치조종자 실기시험 안내

실기시험 시험과목 및 범위

자격종류	범위
초경량 비행장치 조종자	• 기체 및 조종자에 관한 사항 • 기상 · 공역 및 비행장에 관한 사항 • 일반지식 및 비상절차 등 • 비행 전 점검 • 지상활주(또는 이륙과 상승 또는 이륙동작) • 공중조작(또는 비행동작) • 착륙조작(또는 착륙동작) • 비행 후 점검 등 • 비정상절차 및 비상절차 등

실기시험 접수방법

- 인터넷 : TS 국가자격시험 홈페이지 내 원서접수(실기시험)
- 결제수단 : 인터넷(신용카드, 계좌이체)
- 접수제한 : 정원제 접수에 따른 접수인원 제한
- 응시제한 : 이미 접수한 시험의 결과가 발표된 이후 다음시험 접수 가능
  * 목적 : 응시자 누구에게나 공정한 응시기회 제공

실기시험 응시수수료 (항공안전법 시행규칙 제321조)

자격종류	응시수수료(부가세 포함)	비고
초경량비행장치조종자	72,600원	

실기시험 면제기준 (항공안전법 시행규칙 제88조 및 별표 7, 제89조)

- 해당사항 없음

실기시험 시행방법 (구술시험 및 실비행시험)

- 시행방법 : 구술시험 및 실비행시험
- 시작시간: 공단에서 확정 통보된 시작시간(시험접수 후 별도 SMS 통보)
- 응시제한 및 부정행위 처리
  * 시험 시작시간 이후에 시험장에 도착한 사람은 응시 불가

* 시험 도중 무단으로 퇴장한 사람은 재입장 할 수 없으며 해당 시험 종료처리
* 부정행위 또는 주의사항이나 시험감독의 지시에 따르지 아니하는 사람은 즉각 퇴장조치 및 무효처리하며, 향후 2년간 공단에서 시행하는 자격시험의 응시자격 정지

실기시험 합격발표

- 합격 판정 : 채점항목의 모든 항목에서 "S"등급 이상
- 합격 발표 : 시험 당일 18:00 인터넷 홈페이지에서 확인
  (단, 기상 등의 이유로 시험이 늦어진 경우에는 채점이 완료된 시각)
- 합격 취소 : 응시자격 미달 또는 부정한 방법으로 시험에 합격한 경우 합격 취소

Chapter 01

한방에 드론 용어집

01 기본용어

쿼드콥터 드론 구조

드론
원격 제어가 가능한 초소형 무인 비행물체의 총칭

완구 드론
드론의 완구형. 기능이 제한적이나 장난감으로서 기동하는데 문제가 없는 제품

센서 드론
- 실질적으로 드론의 범주에 속하는 무인 비행물체
- 각종 센서를 이용하여 자세제어나 자동운행 등이 가능한 초소형 무인 비행물체

레이싱 드론
- 경주를 위한 드론
- 작은 크기와 가벼운 무게를 위해 거의 모든 센서를 배제하고 속도만을 위해 소형화·경량화한 기체

비행제한구역
- 비행이 제한된 구역
- 고도 150m 이하로 비행은 가능하지만 촬영은 금지
- 서울의 경우, 제한구역에서도 비행하기 위해서는 수도방위사령부의 허가가 필요함.

비행금지구역
비행이 금지된 구역

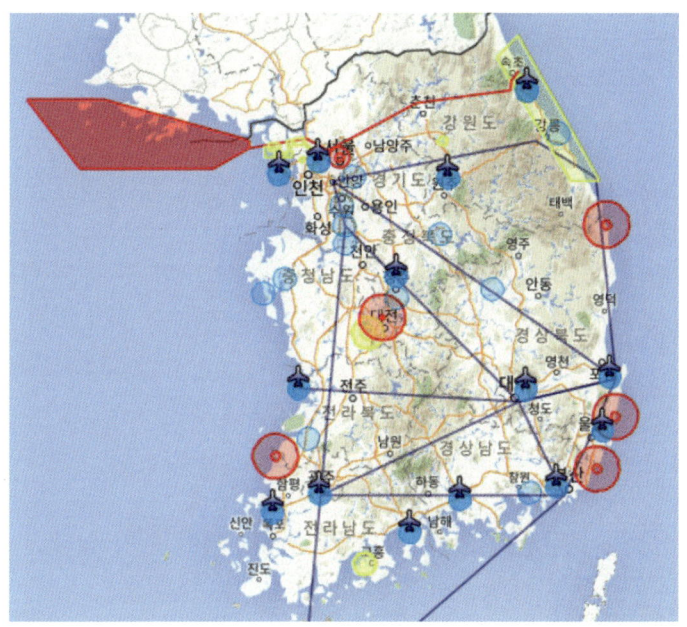

빨간색 - 비행금지구역, 노란색 - 비행제한구역, 파란색 - 비행장
(출처 : UBIKAIS, 2015.5.30)

야간비행

- 일몰시간 이후부터 일출시간 이전 사이에 비행하는 것
- 국내법상 야간비행은 불법이다.
  (특별승인을 받는 경우에는 야간비행가능)

시계비행

- 비행체가 육안으로 구분되는 거리에서 비행
- 국내법상 초소형 무인 비행체는 시계비행을 원칙으로 한다.
- 원칙적으로 FPV 모니터나 고글을 사용한 비행은 시계비행이 아니기에 불법이다.

02 제품에 대한 용어

RTF (RTP, PNP)

- Ready to Fly(Ready to Play, Plug and Play)
- 비행을 위한 모든 구성이 포함된 제품
- 기체와 배터리, 송신기 등이 모두 구비되어 구입 후 바로 비행할 수 있는 구성

BNF

- Bind and Fly
- 송신기와 바인딩만 하면 비행이 가능한 구성
- 수신기는 포함되어 있으나 송신기가 포함되어 있지 않다.

ARF (ARTF)

- Assemble Required to Fly(Almost Ready to Fly)
- 조립만 하면 비행할 수 있는 거의 모든 구성품이 포함된 KIT
- 또는 80%가량의 조립이 완료된 상태로 주요 부품(변속기, 모터)을 선정하여 설치하면 비행할 수 있는 상태로 판매되는 제품

키트 (KIT)

- 본래 ARF의 본질적인 의미를 지니는 용어
- ARF가 최근 Almost Ready to Fly(주요부품만 조립하면 비행할 수 있는 제품)의 의미가 강해지면서 Assemble Required to Fly(조립만 하면 비행이 가능한 거의 모든 구성품이 포함된 제품)를 KIT라고 부르기도 한다.

조종모드 (모드 1, 모드 2)

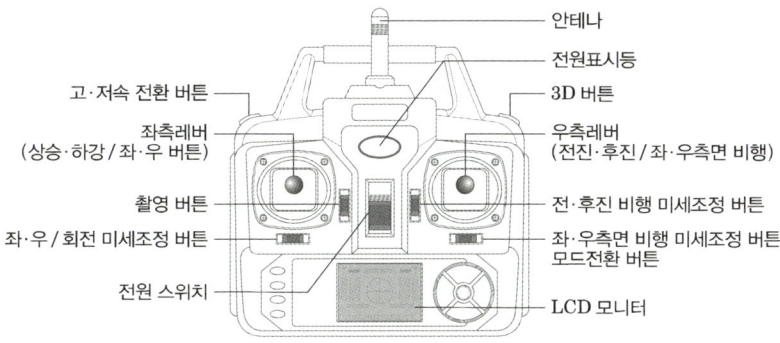

- 송신기의 종류

 모드 1의 경우 스로틀과 에일러론이 우측레버에 할당되고, 모드 2의 경우 스로틀과 러더가 좌측 레버에 할당된다. (실제 비행기의 조종방식에 가까운 것은 모드 2이다.)

트라이콥터	쿼드콥터
3개의 프로펠라를 갖고 있는 형태	4개의 프로펠라를 갖고 있는 형태 (가장 많이 사용한다.)
헥사콥터	옥타콥터
6개의 프로펠라를 갖고 있는 형태	8개의 프로펠라를 갖고 있는 형태

드론의 크기

대각선 날개의 길이로 표현을 한다. 180, 210, 220, 250mm 정도가 레이싱 드론에서 많이 쓰이고, 촬영용으로는 크기가 큰 450, 500, 550, 650mm 등이 사용된다.

03 기능에 대한 용어

FPV (First Person View)

1인칭 시점이라는 의미로 드론에 카메라와 영상 송신기를 달아 조종자가 드론의 시점으로 영상을 보며 조종할 수 있는 시스템

비행모드

- 드론을 제어하는 모드
- 멀티콥터의 경우 약 14종류의 비행모드가 있다.
- 명칭은 제조사마다 정리되지 않은 여러 가지 이름으로 불린다.
- 아래로는 비행모드 중 범용적으로 사용되는 이름으로 설명하도록 한다.

Stabilize 모드
- 안정모드
- 주로 수동모드라고 불리며 FC에서는 드론의 자세제어만 한다.
- 모든 조작을 수동으로 해야 하는 모드이다.

Altitude Hold 모드
- 고도유지모드
- 기압계를 이용하여 고도를 산출, 스로틀을 50% 중립에 두었을 때 해당 고도를 유지하는 모드
- 이 모드에서는 고도만 유지되고, 기체가 돌아가거나 흐르는 것은 조종자가 조작하여 제어해야 한다.

Loiter 모드
- GPS 모드
- GPS, 기압계, 가속도계, 자이로, 지자계 등의 각종 센서를 이용하며 기체를 제어하는 모드
- 스로틀 50% 중립에 두었을 때 해당 고도를 유지하고, 지자계를 이용하여 기체의 방향을 유지하며, 가속도계와 자이로를 이용하여 GPS에서 수신한 절대좌표에서 기체가 벗어나지 않도록 제어한다.

RTL(Return-to-Launch) 모드
- 백홈 모드
- GPS를 통해 이륙한 위치의 좌표를 저장한 후, 해당 모드로 변경되면 이륙한 위치로 되돌아오는 모드

Auto 모드
- 자동비행모드
- 미리 입력된 '미션'에 따라 자동으로 비행을 하는 모드

Acro 모드
- 완전수동모드
- FC에서 드론의 제어에 대한 아무런 도움을 주지 않는 모드
- 기체의 경사각 보정이 없어지므로 곡예비행, 패턴비행 등을 할 때 사용된다.

Follow Me 모드
- 기체가 조종자를 따라오는 모드
- 조종자의 위치를 식별할 수 있는 GCS(Ground Control Station, 지상관제시스템)가 있어야 하며, 드론은 설정된 거리와 고도에서 설정된 동작을 하며 조종자를 따라온다.

Headless 모드
- 기체의 조작방향을 절대방향으로 변경하는 모드
- 기수가 회전하더라도 조작방향은 이륙 시의 방향에 따르는 모드

04 부품에 대한 용어

프레임

- 기체의 몸체
- 각 부품이 이 프레임에 붙어 한 기의 드론이 된다.

셸 (보디, 캐노피, 하우징)

- 드론의 껍데기
- 완성형 드론의 경우 셸을 프레임으로 사용하는 경우가 대부분이며, 여러 가지 디자인으로 제조사의 아이덴티티를 표현한다.

암 (ARM)

드론의 보디에서 모터를 탑재하는 팔

랜딩 스키드

드론의 다리에 해당하는 부분으로 착륙 시 기체를 지탱하는 부위

송신기 (Transmitter)

- 조종기
- 드론을 제어하는 신호를 송신하는 장치
- 간혹 조정기라고 하는 사람이 있으나 이는 틀린 표현이다.
- 조종은 manipulation의 의미를 가지고 조정은 modification의 의미를 갖는다.

수신기 (Receiver)

- 드론 내부에 들어가는 부품으로서 안테나가 연결되는 장치
- 송신기의 신호를 수신하여 FC로 전달하는 역할을 하는 장치

FC (Flight Controller)

- 비행 제어장치. 드론의 두뇌이자 심장
- 드론을 제어하는 모든 연산을 하며 수신기 및 각 센서로부터 전달받은 데이터를 연산하여 각 변속기로 출력신호를 보냄
- 주로 기압계와 지자계, 가속도계, 자이로 등을 내장하고 있다.

리포 배터리 (LiPo)

- 드론의 연료. 리튬 폴리머 배터리의 줄임말
- 완구용으로는 1~2셀 배터리가 사용되며, 레이싱용으로 주로 3~4셀, 촬영용, 크루즈용은 주로 3~6셀을 사용한다.
- 셀이란 배터리의 개수로, 2셀은 2개의 배터리를 직렬로 연결한 배터리, 6셀은 6개의 배터리를 직렬로 연결한 배터리를 말한다.
- 셀 수가 높을수록 출력 전압이 높다.

ESC (Electronic Speed Controllor)

- 전자 변속기
- FC에서 연산한 속도로 모터를 돌릴 수 있도록 전류제어를 하는 장치

모터 (로터)

- 프로펠러와 결합해 회전하며 바람을 일으키는 장치
- 드론에는 브러시드 모터, 브러시리스 모터를 주로 사용 한다.
- 브러시드 모터는 크기가 작은 장점이 있는 반면 토크나 회전수가 낮아 완구용으로 주로 사용된다.
- 브러시리스 모터는 토크 위주, 회전수 위주의 여러 사양의 모터가 있으며 용도에 따라 다른 모터를 사용한다.

GPS

- 좌표산출센서
- 위성신호를 수신하여 현재 좌표를 계산해 내는 센서

컴퍼스 (지자계)

- 나침반 센서
- 동서남북의 방위를 산출하는 센서

가속도계

중력가속도를 계산하여 지표면으로부터의 기울기를 산출해 내는 센서

자이로 (각속도계)

가속도계로 측정할 수 없는 방위각을 산출해 내는 센서

소나

- 초음파 센서
- 초음파를 바닥을 향해 쏘아 되돌아오는 음파를 감지하여 지면과의 거리를 산출하는 센서

옵티컬 플로

- 비전 포지셔닝 센서
- CCD 모듈을 이용해 바닥 지형 또는 무늬를 인지하여 위치를 산출하는 센서

풍속계 (풍량계)

바람의 속도(양)를 산출하는 센서

프로펠러

- 흔히 드론이라고 말하는 멀티로터는 날개가 없는 무익기이다.
- 무익기는 날개 대신 프로펠러를 이용해 바람을 발생시켜 기체를 띄우고 제어한다.

LED

- 발광 다이오드
- 드론의 상태, 방향, 위치 표시 등에 사용된다.

버저

- 비프음을 내는 스피커
- 주로 경보를 조종자에게 알릴 때 사용된다.

짐벌 (Gimbal)

- 수평 유지 장치
- 주로 카메라를 짐벌에 설치하여 드론에 장착한다.

댐퍼

- 진동에너지를 흡수하는 장치, 즉 방진장치이다.
- 짐벌에도 댐퍼가 붙어 있고, 랜딩스키드에 댐퍼가 붙는 경우도 있다.
- FC에 댐퍼를 붙여 설치하는 경우도 있다.

GCS (Ground Control Station)

- 지상국을 뜻하며 조종자가 송신기 이외의 PC 등의 장치로 비행제어를 할 수 있도록 한 장소
- 요즘에는 제어 프로그램의 명칭으로 사용되기도 한다.
- 대표적으로 DJI나 Parrot사의 드론들이 드론 제어용으로 사용하는 앱이 있으며, 많이 알고 있는 미션플래너도 GCS의 일종이다.

릴레이

- AUX를 이용하여 릴레이에 신호를 전달, 접점의 ON/OFF를 제어하는 장치
- 주로 LED 제어용이나 카메라 제어용으로 사용된다.

영상 송신기
- 드론에 장착된 카메라의 영상을 송신하는 장치
- 카메라에 연결한다.

영상 수신기
- 드론에서 송출하는 영상을 수신하는 장치
- 모니터 형태, 고글 형태, 모듈 형태가 있다.
- 모니터 형태는 모니터 자체에 수신모듈이 내장된 형태로 확장성은 없지만 휴대가 간편하다.
- 고글 형태는 말 그대로 고글처럼 생긴 HMD를 쓰고 드론이 송출하는 영상을 볼 수 있다. 숙달되기 전까지는 사고의 위험이 크다.
- 모듈 형태는 수신기가 내장되지 않은 모니터 또는 고글에 장착하여 영상을 수신할 수 있다.

05 조작에 대한 용어

구 분	헬리콥터	비행기	멀티콥터(드론)
상승/하강	피치(Pitch)	스로틀(Throttle)	스로틀(Throttle)
좌향/우향	롤(Roll)	에일러론(Aileron)	롤(Roll)
전진/후진	닉(Nick)	엘리베이터(Elevator)	피치(Pitch)
좌회전/우회전	테일(Tail)	러더(Rudder)	요(Yaw)

스로틀 (Throttle)
출력을 조절하는 레버

러더 (Rudder) = 요 (Yaw)
기수를 회전하는 기능의 레버

에일러론 (Aileron) = 롤 (Roll)
기수를 돌리지 않고 좌측, 우측으로 이동하는 기능의 레버

엘리베이터 (Elevator) = 피치 (Pitch)
기수를 돌리지 않고 전방, 후방으로 이동하는 기능의 레버

AUX
- 외부입력
- 드론의 제어 이외의 것을 제어하는 데 사용한다.
- 대표적으로 모드변경 스위치에 AUX 채널을 할당한다.
- AUX 채널이 2개 이상 남는 경우 짐벌의 제어에도 사용한다.

텔레메트리

- 주로 위성에서 데이터를 전송할 때 사용되는 주파수 통신 방식
- 드론에서는 FC와 GCS 프로그램 간의 무선통신을 가능하게 해 주는 장치를 말한다.

BEC (Break Electronic Controllor)

- 본래는 과거의 RC카에서 수신기 전압이 낮을 경우 노콘으로 인해 차량이 발광하는 것을 막기 위한 전원 차단 장치
- UBEC라는 레귤레이터가 포함된 BEC가 발매된 이후로 본래의 의미를 잃고, BEC라 하면 높은 전압을 5V로 다운스텝시키는 레귤레이터의 의미로 사용된다.

서보

신호에 의해 정해진 각도만큼 회전동작을 하는 모터의 일종. 주로 날개 제어, 짐벌 제어 등에 사용한다.

캘리브레이션

- 지자계, 자이로, 변속기, 송/수신기 등의 설정값을 재설정하는 기능
- 주로 비행 전에 행하며, 이 작업을 제대로 하지 않을 경우 비행에 문제가 생길 수 있다.

알기 쉬운 항공기의 종류

01 항공기의 종류

비행기, 비행선, 활공기, 회전익 항공기, 항공우주선 및 일정 규모(최대이륙중량 600kg) 이상의 동력비행장치로 구분되며 국제민간항공협약(ICAO)에 따른 공통된 안전기준이 적용된다.

* 국제기준에 따라 항공기에 대해서는 형식증명 필요(「항공법」 제17조)

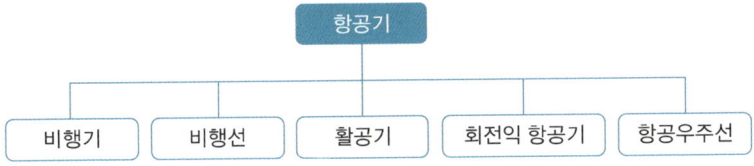

02 초경량비행장치의 기준

항공기 외에 비행할 수 있는 적은 규모의 동력비행장치, 회전익 비행장치, 패러플레인, 기구류, 무인비행장치 및 인력활공기로 구분되며 각 국가에서 정한 안전기준이 적용된다.

* 형식증명 대신 안전성인증을 받도록 함(「항공법」 제23조 제4항, 제24조 제2항)

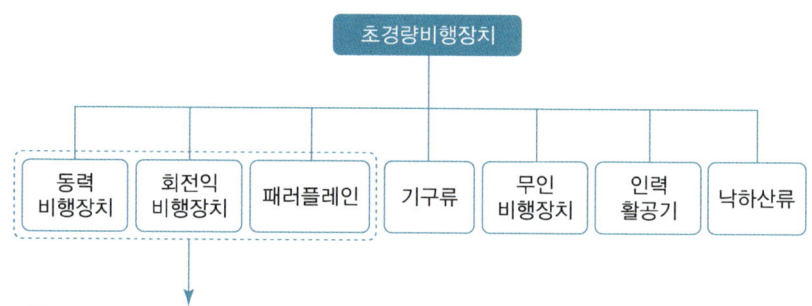

(경량항공기) 규모가 큰 초경량비행장치를 대상으로 미국의 스포츠항공기(LSA, Light Sports Aircraft) 제도를 벤치마킹하여 국내 실정에 적합한 경량항공기로 분류, 안전기준 적용

⇒ 동력비행장치, 회전익비행장치 및 패러플레인 중 2인승, 최대이륙중량 600kg 이하의 비행장치를 경량항공기로 재분류

03 항공기 등의 종류

항공기

비행기

엔진에 의해 추진력이 발생되며 날개에 대한 공기의 반작용으로 양력을 얻는 고정익 항공기

비행선

엔진에 의해 추진력이 발생되며 주로 헬륨가스 등에 의해 공중부양하는 항공기

활공기

엔진 없이 항공기 또는 자동차로 견인하여 공중부양, 기류를 이용하는 고정익 항공기

회전익 항공기

로터블레이드(회전날개)에 의한 공기의 반작용에 의해 부양되는 항공기

항공우주선

지구대기권 내외를 비행할 수 있는 비행체

경량 항공기

타면 조종형 비행기		엔진에 의해 추진력이 발생되며 날개에 대한 공기의 반작용으로 양력을 얻는 고정익 경량항공기
체중 이동형 비행기		프로펠러 엔진에서 추진력을 얻고 고정날개의 공기 반작용에 의해 양력을 얻는 경량항공기
경량 헬리콥터		로터블레이드(회전날개)에 의한 공기의 반작용에 의해 부양되는 경량항공기
자이로 플레인		기체의 주행 시 공기력 작용에 의하여 회전하는 회전익에서 부양되는 경량항공기
동력 패러슈트		낙하산류에 추진력을 얻는 장치 및 고정식 착륙장치를 부착한 경량항공기

초경량 항공기

동력 비행장치		행글라이더에 엔진을 부착하고 체중을 이동하여 방향을 조종하는 비행장치
회전익 비행장치		로터블레이드(회전날개)에 의한 공기의 반작용에 의해 부양되는 비행장치
동력패러글라이더		낙하산류에 추진력을 얻는 장치를 부착한 비행장치
기구류		기체의 성질이나 온도 차 등으로 발생하는 부력을 이용하여 하늘로 오르는 비행장치

| 무인비행장치 |  | 사람이 타지 않고, 원격 조종 또는 스스로 조종되는 비행장치 |

| 인력활공기 |  | 낙하산류 또는 합금소재 뼈대에 천을 입혀서 만든 사람이 아래 매달려 활공할 수 있는 비행장치 |

| 낙하산류 |  | 항력을 발생시켜 대기 중을 낙하하는 사람 또는 물체의 속도를 느리게 하는 비행장치 |

Chapter 03

드론 필기 끝내기
핵심요약

01 목적 및 용어의 정의

「항공안전법」 제1조(목적)

국제민간항공협약 및 같은 부속서에서 채택된 표준과 권고되는 방식에 따라 항공기, 경량항공기 또는 초경량비행장치의 안전하고 효율적인 항행을 위한 방법과 국가, 항공사업자 및 항공종사자 등의 의무 등에 관한 사항을 규정함을 목적으로 한다.

「항공안전법」 제2조(정의) 제3항

"초경량비행장치"란 항공기와 경량항공기 외에 **공기의 반작용으로 뜰 수 있는 장치**로서 자체중량, 좌석 수 등 국토교통부령으로 정하는 기준에 해당하는 동력비행장치, 행글라이더, 패러글라이더, 기구류 및 무인비행장치 등을 말한다.

02 공역 및 비행제한

비행금지구역

안전, 국방상, 그 밖의 이유로 항공기의 비행을 금지하는 공역 P73: 청와대 인근, P518: 휴전선 인근, P61: 부산 고리원전, P62: 경주 월성원전, P63: 영광 한빛원전, P64: 울진 한울원전, P65: 대전 원자력연구소 (반경 10NM = 18.52Km)

비행제한구역

항공사격·대공사격 등으로 인한 위험으로부터 항공기의 안전을 보호하거나 그 밖의 이유로 비행허가를 받지 않은 항공기의 비행을 제한하는 공역 군작전공역(MOA), 비행자유공역(UFA)
(R75, R20, R21, R110, R10, R14, R17, R19, R35, R81, R89, R90, R97, R100, R108, R111, R114, R117, R1, R105, R104, R122, R125, R127, R129, R133, R143, R138, R139)

관제권

「항공안전법」 제2조 제25호에 따른 공역으로서 비행정보구역 내의 B, C 또는 D등급 공역 중에서 시계 및 계기비행을 하는 항공기에 대하여 항공교통관제업무를 제공하는 공역(반경: 9.3Km)

민간비행장

인천, 김포, 양양, 제주, 청주, 무안, 광주, 군산, 여수, 김해, 울산, 사천, 대구, 포항

군비행장

강릉, 서울, 수원, 오산, 평택, 중원, 서산, 한서, 성무, 예천, 진해, 정석

03 초경량비행장치 범위 및 종류

무인비행장치

사람이 탑승하지 아니하는 것으로서 다음 각 목의 비행장치
<u>무인동력비행장치</u> : 연료의 중량을 제외한 자체중량이 150kg 이하인 무인비행기, 무인헬리콥터 또는 <u>무인멀티콥터</u>

> **초경량비행장치**
> 항공기와 경량항공기 외에 비행할 수 있는 장치로서 국토교통부령으로 정하는 동력비행장치, 인력항공기, 기구류, 회전익비행장치, 동력패러글라이더, 무인비행장치, 낙하산류 등(항공법 제2조 28호)

04 신고를 요하지 아니하는 초경량비행장치

① 무인동력비행장치 중에서 연료의 무게를 제외한 자체무게(배터리 무게를 포함한다)가 2kg 이하인 것
② 연구기관 등이 시험·조사·연구 또는 개발을 위하여 제작한 초경량비행장치
③ 제작자 등이 판매를 목적으로 제작하였으나 판매되지 아니한 것으로서 비행에 사용되지 아니하는 초경량비행장치
④ 군사목적으로 사용되는 초경량비행장치

05 초경량비행장치의 신고 및 안전성인증

초경량비행장치의 신고

초경량비행장치소유자등은 안전성인증을 받기 전까지 초경량비행장치 신고서에 다음 각 호의 서류를 첨부하여 지방항공청장에게 제출하여야 한다. 이 경우 신고서 및 첨부서류는 팩스 또는 정보통신을 이용하여 제출할 수 있다.

초경량비행장치의 안전성인증 대상

무인비행기, 무인헬리콥터 또는 **무인멀티콥터 중에서 최대이륙중량이 25kg을 초과하는 것**(연료제외 자체중량 150kg 이하)
무인비행선 중에서 연료의 중량을 제외한 자체중량이 12kg을 초과하거나 길이가 7m를 초과하는 것(연료제외 자체중량 180kg 이하, 길이 20m 이하)

06 초경량비행장치 변경/이전/말소

초경량비행장치 변경

초경량비행장치소유자등은 「항공안전법」 제122조 제1항에 따라 신고한 초경량비행장의 용도, 소유자의 성명, 제129조 제4항에 따른 개인정보 및 개인위치정보의 수집 가능 여부 등을 국토교통부령으로 정하는 바에 따라 국토교통부장관에게 신고하여야 한다.

초경량비행장치 말소(「항공안전법」 제123조)

① 초경량비행장치소유자등은 제122조 제1항에 따라 신고한 초경량비행장의 용도, 소유자의 성명 등 국토교통부령으로 정하는 사항을 변경하려는 경우에는 국토교통부령으로 정하는 바에 따라 국토교통부장관에게 변경신고를 하여야 한다.
② 초경량비행장치소유자등은 제122조 제1항에 따라 신고한 초경량비행장치가 멸실되었거나 그 초경량비행장치를 해체(정비등, 수송 또는 보관하기 위한 해체는 제외한다)한 경우에는 그 사유가 발생한 날부터 15일 이내에 국토교통부장관에게 말소신고를 하여야 한다.
③ 초경량비행장치소유자등이 제2항에 따른 말소신고를 하지 아니하면 국토교통부장관은 30일 이상의 기간을 정하여 말소신고를 할 것을 해당 초경량비행장치소유자등에게 최고하여야 한다.
④ 제3항에 따른 최고를 한 후에도 해당 초경량비행장치소유자등이 말소신고를 하지 아니하면 국토교통부장관은 직권으로 그 신고번호를 말소할 수 있으며, 신고번호가 말소된 때에는 그 사실을 해당 초경량비행장치소유자 등 및 그 밖의 이해관계인에게 알려야 한다.

변경신고의 사항

① 초경량비행장치의 용도
② 초경량비행장치 소유자등의 성명, 명칭 또는 주소
③ 초경량비행장치의 보관 장소

- 초경량비행장치소유자등은 제122조 각 호의 사항을 변경하려는 경우에는 그 사유가 있는 날부터 30일 이내에 별지 제116호 서식의 초경량비행장치 변경·이전신고서를 한국교통안전공단 이사장에게 제출하여야 한다.
- 지방항공청장은 제122조에 따른 신고를 받은 날부터 7일 이내에 수리 여부 또는 수리지연 사유를 통지하여야 한다. 이 경우 7일 이내에 수리 여부 또는 수리 지연 사유를 통지하지 아니하면 7일이 끝난 날의 다음 날에 신고가 수리된 것으로 본다.

07 초경량비행장치의 비행자격 등

자격이 필요한 비행장치(「항공안전법」 시행규칙 제306조)

① 법 제125조 제1항 전단에서 "동력비행장치 등 국토교통부령으로 정하는 초경량비행장치"란 다음 각 호의 어느 하나에 해당하는 초경량비행장치를 말한다.

- 동력비행장치
- 행글라이더, 패러글라이더 및 낙하산류(항공레저스포츠사업에 사용되는 것만 해당한다)
- 유인자유기구
- 초경량비행장치 사용사업에 사용되는 무인비행장치. 다만 다음 각 목의 어느 하나에 해당하는 것은 제외한다.
  - 제5조 제5호 가목에 따른 무인비행기, 무인헬리콥터 또는 무인멀티콥터 중에서 연료의 중량을 포함한 자체중량이 250g 이하인 것

- 제5조 제5호 나목에 따른 무인비행선 중에서 연료의 중량을 제외한 자체중량이 12kg 이하이고, 길이가 7m 이하인 것
- 회전익비행장치
- 동력패러글라이더

② 법 제125조 제1항 전단에서 "국토교통부령으로 정하는 기관 또는 단체"란 한국교통안전공단 및 별표 44의 기준을 충족하는 기관 또는 단체 중에서 국토교통부장관이 정하여 고시하는 기관 또는 단체(이하 "초경량비행장치조종자증명기관"이라 한다)를 말한다.

③ 법 제125조 제1항 후단에 따라 초경량비행장치조종자증명기관의 장은 다음 각 호의 사항을 포함하는 초경량비행장치별 자격기준 및 시험의 절차·방법 등에 관하여 승인을 신청하는 경우 그 사유를 설명하는 자료와 신·구 내용 대비표(변경승인의 경우에 한정한다)를 첨부하여 국토교통부장관에게 제출하여야 한다.

- 초경량비행장치 조종자 증명 시험의 응시자격
- 초경량비행장치 조종자 증명 시험의 과목 및 범위
- 초경량비행장치 조종자 증명 시험의 실시 방법과 절차
- 초경량비행장치 조종자 증명 발급에 관한 사항
- 그 밖에 초경량비행장치 조종자 증명을 위하여 국토교통부장관이 필요하다고 인정하는 사항

08 비행계획 승인

① 동력비행장치 등 국토교통부령으로 정하는 초경량비행장치를 사용하여 국토교통부장관이 고시하는 초경량비행장치 비행제한공역에서 비행하려는 사람은 국토교통부령으로 정하는 바에 따라 미리 국토교통부장관으로부터 비행승인을 받아야 한다.

② <u>비행승인 대상이 아닌 경우라 하더라도</u> 다음 각 호의 어느 하나에 해당하는 경우에는 절차에 따라 국토교통부장관의 비행승인을 받아야 한다.
- 「항공안전법」 제68조 제1호에 따른 국토교통부령으로 정하는 고도 이상에서 비행하는 경우(150m)
- 「항공안전법」 제78조 제1항에 따른 관제공역·비관제공역·통제공역·주의공역 중 국토교통부령으로 정하는 구역에서 비행하는 경우

③ 승인받지 않아도 되는 초경량비행장치
- 규정에 해당하는 초경량비행장치(항공기대여업, 항공레저스포츠사업 또는 **초경량비행장치사용사업에 사용되지 아니하는 것**으로 한정한다)
- 최저비행고도(150m) 미만의 고도에서 운영하는 계류식 기구
- 다음 각 목의 어느 하나에 해당하는 무인비행장치
  - 관제권, 비행금지구역 및 비행제한구역 외의 공역에서 비행하는 무인비행장치
  - 가축전염병의 예방 또는 확산 방지를 위하여 소독·방역업무 등에 긴급하게 사용하는 무인비행장치
  - 다음 각 목의 어느 하나에 해당하는 무인비행장치
    ▶ **최대이륙중량이 25kg 이하인 무인동력비행장치**
    ▶ 연료의 중량을 제외한 자체중량이 12kg 이하이고 길이가 7m 이하인 무인비행선
  - 그 밖에 국토교통부장관이 정하여 고시하는 초경량비행장치

09 초경량비행장치 조종자 준수사항

드론 조종자 체크리스트

① 인명이나 재산에 위험을 초래할 우려가 있는 **낙하물을 투하**(投下)하는 행위
② **인구가 밀집된 지역**이나 그 밖에 사람이 많이 모인 장소의 상공에서 인명 또는 재산에 위험을 초래할 우려가 있는 방법으로 비행하는 행위
③ 관제공역·통제공역·주의공역에서 비행하는 행위. 다만 비행승인을 받은 경우와 다음 각목의 행위는 제외한다.
  • 군사목적으로 사용되는 초경량비행장치를 비행하는 행위
  • 다음의 어느 하나에 해당하는 비행장치를 관제권 또는 비행금지구역이 아닌 곳에서 최저비행고도(150m) 미만의 고도에서 비행하는 행위
  • 무인비행기, 무인헬리콥터 또는 무인멀티콥터 중 최대이륙중량이 25kg 이하인 것

- 무인비행선 중 연료의 무게를 제외한 자체 무게가 12kg 이하이고, 길이가 7m 이하인 것
④ 일몰 후부터 일출 전까지의 야간에 비행하는 행위. 다만 최저비행고도(150m) 미만의 고도에서 운영하는 계류식 기구 또는 허가를 받아 비행하는 초경량비행장치는 제외한다.
⑤ <u>주류, 마약류 또는 환각물질</u> 등(이하 "주류등"이라 한다)의 영향으로 조종업무를 정상적으로 수행할 수 없는 상태에서 조종하는 행위 또는 비행 중 주류 등을 섭취하거나 사용하는 행위
⑥ 그 밖에 비정상적인 방법으로 비행하는 행위
- 초경량비행장치 조종자는 항공기 또는 경량항공기를 <u>육안으로 식별하여 미리 피할 수 있도록</u> 주의하여 비행하여야 한다.
- 동력을 이용하는 초경량비행장치 조종자는 <u>모든 항공기, 경량항공기 및 동력을 이용하지 아니하는 초경량비행장치에 대하여 진로를 양보</u>하여야 한다.
- 무인비행장치 조종자는 해당 무인비행장치를 <u>육안으로 확인할 수 있는 범위에서 조종</u>하여야 한다. 다만, 허가를 받아 비행하는 경우는 제외한다.

10 초경량비행장치 사고, 조사 및 벌칙

① 초경량비행장치 사고를 일으킨 조종자 또는 그 초경량비행장치 소유자등은 다음 각 호의 사항을 지방항공청장에게 보고하여야 한다.
- 조종자 및 그 초경량비행장치소유자등의 성명 또는 명칭
- 사고가 발생한 일시 및 장소
- 초경량비행장치의 종류 및 신고번호
- 사고의 경위
- 사람의 사상(死傷) 또는 물건의 파손 개요

• 사상자의 성명 등 사상자의 인적사항 파악을 위하여 참고가 될 사항
② 초경량비행장치사고에 관한 보고를 하지 아니하거나 거짓으로 보고한 초경량비행장치 조종자 또는 그 초경량비행장치소유자 등 30만원 이하의 과태료 부과

11 비행 준비 및 비행 전·후 점검

- 현재 비행할 지역에 비행승인은 받으셨습니까?
- 라이센스를 소지하고 있습니까?
- 조종자의 몸 상태는 괜찮습니까?
- 기상상태는 확인하셨습니까?
- 안전모와 조종기 목걸이를 착용하였습니까?
- 보호안경, 마스크 등 안전한 복장을 착용하였습니까?
- 메인 배터리와 조종기 배터리는 충전된 상태입니까?
- 지금의 장소가 이착륙 장소로 적당합니까?
- 주위의 장애물 확인 및 안전거리를 확보하셨습니까?

12 비행 절차

무인회전익의 경우

① 기체이력부에서 이전 비행기록과 이상발생 여부 확인
② 비행 전 각 조종부의 작동 점검
③ 시동 후 준비상태가 될 때까지 아이들 작동 후 이륙 실시
④ 이착륙은 수직으로 천천히 실시
⑤ 호버링 상태에서 작동점검 실시
⑥ 비행 중 육안비행으로 계속해서 비행상태를 체크 비상상황을 대비 장애물, 사람과의 안전거리를 유지

13 기체의 각 부분과 조종면의 명칭 및 이해

기체의 각 부분

① GPS : 위성 항법 장치
② 전원부 : 전원분배장치-FC, 변속기 등 전원 공급
③ 모터부 : 변속기로부터 받은 신호를 동력으로 전환
④ 변속기부 : FC로부터 받은 신호로 모터의 회전속도 조절
⑤ 수신기 : 조종기(송신기)로부터 받은 신호를 FC로 전달
⑥ 프로펠러 : 회전으로 상승추력(양력) 발생
⑦ FC(Flight Controller) : 수신기와 각종 센서로부터 받은 신호를 계산하여 기체 전체의 두뇌역할을 함.
⑧ 각종 센서 : 기압(고도유지) 센서, 자이로 센서, 가속도 센서, 지자기(마그네틱) 센서

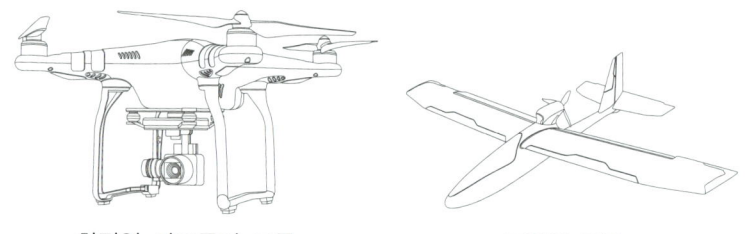

회전익 쿼드콥터 드론   고정익 드론

조종면

① 비행기를 세 개의 축에 대해서 운동하도록 하기 위해서 조종실에서 움직일 수 있는 항공역학적 표면
② 3축 운동 : Z·Y·X축의 회전을 통해 기체의 공중조작을 컨트롤 한다.

14 추력 부분의 명칭 및 이해

차이점
영구자석이 회전하는가 전자석이 회전하는가

DC 모터
브러시와 마찰에 의한 동력손실 및 내구도 저하, 소음발생

BLDC 모터
브러시가 없어져 DC 모터의 단점을 보완

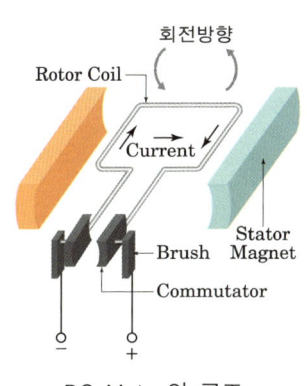

DC Motor의 구조

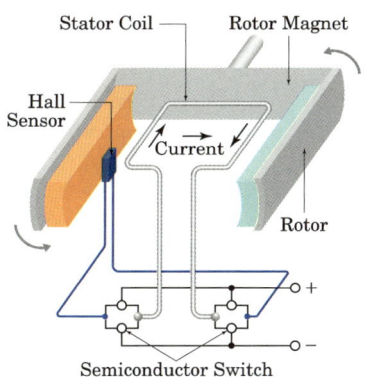

BLDC Motor의 구조

구분	DC 모터	BLDC 모터
회전체 형식	코일 방식	자석 자체의 회전
장점	저렴한 가격, 넓은 적용 범위	긴 수명, 스파크 및 폭발 위험 없음
단점	브러시(Brush) 적용으로 짧은 수명 (브러시 수명 : 1,000시간)	높은 가격 (자체 개발 생산으로 단가 낮춤)

15 기초비행 이론 및 특성

베르누이의 정리

유체가 규칙적으로 흐르는 것에 대한 속력, 압력, 높이의 관계에 대한 법칙. 간략하게 말해서 에너지 보존 법칙의 이상유체 버전이라고 생각해도 된다(일정한 전압 안에서의 에너지 보존의 법칙).

공식

① $P + \dfrac{1}{2}pv^2 + pgh = $ 일정(전압)

여기서, 정압(P) 유체의 밀도(p)
　　　　유체의 속도(v)　중력가속도(g)　높이(h)

② 동압 : 앞에서 부딪히는 바람의 압력
③ 정압 : 주변 대기압
④ 동압+정압=전압
⑤ 유체속도가 빠르면 정압은 낮아진다.
⑥ 동압은 유체의 밀도와 비례한다.
⑦ 동압은 유체의 속도의 제곱에 비례한다.
⑧ 동압은 부딪히는 면적에 비례한다.
⑨ 베르누이 정리에서 일정한 것은 전압이다.
⑩ 공기 밀도는 온도에 반비례하고, 밀도는 압력에 비례한다.

* 압력이 높은 곳에서 압력이 낮은 곳으로 힘이 발생한다.

16 엔진고장 등 비정상 상황 시 절차

배터리 경고음 발생
배터리 잔량을 고려하여 기체를 안전한 곳으로 착륙시키고, 시동을 정지시킨 후 배터리를 교체한다.

GPS 이상 경고등 점등
즉시 모드를 자세모드(Atti mode)로 전환하여 비행한다.

FC 이상 경고등 또는 징후 발견
즉시 최대한 피해가 가지 않는 방향으로 불시착시킨다.

No control
① 주변에 빠르게 상황을 전파하고 안전거리를 유지한 상태에서 조종기와 신호연결을 시도한다.
② 신호연결에 대비해 스로틀 50% 유지한다.
③ 엘리오 2의 경우에는 Return Home 설정이 되어 있다. 그 외에는 제자리 호버링 또는 착륙 등 설정이 가능하다.

17 비행장치의 안정과 조종

멀티콥터의 비행모드

GPS 모드, 자세모드(Atti 모드), 수동모드(Manual 모드)

드론의 회전면에 따른 기체의 움직임

① 상승 : 모터 전체의 속도가 빨라진다.
② 하강 : 모터 전체의 속도가 느려진다.
③ 우측회전 : 시계방향 모터는 느려지고 반시계방향 모터는 빨라진다.
④ 좌측회전 : 시계방향 모터는 빨라지고 반시계방향 모터는 느려진다.
⑤ 전진비행 : 앞쪽의 모터는 느려지고 뒤쪽의 모터는 빨라진다.
⑥ 후진비행 : 뒤쪽의 모터는 느려지고 앞쪽의 모터는 빨라진다.
⑦ 우측비행 : 좌측의 모터가 빨라지고 우측의 모터는 느려진다.
⑧ 좌측비행 : 우측의 모터가 빨라지고 좌측의 모터는 느려진다.

상승	하강	우측회전	좌측회전
↑	↓	↻	↺

전진비행	후진비행	우측비행	좌측비행
↑	↓	→	←

→ 고속   → 저속

18 송수신 장비 관리 및 점검

① 배터리 전압 확인
② 주변의 2.4Ghz 주파수 대역 및 고출력주파수 사용 자제 혹은 회피
③ 비행전 바인딩 상태 확인

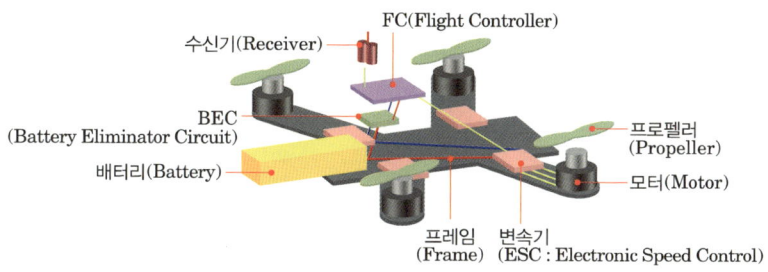

19 배터리의 관리 및 점검

① 과충전 혹은 과방전을 하지 않는다(50% 이하 사용 시 성능 저하).
② 장기간 보관 시 50% 방전 상태에서 보관한다.
③ 낙하, 충격, 날카로운 것에 대한 손상의 경우 합선으로 화재가 발생할 수 있다.
④ 배터리 보관 적정온도는 22~28°C이다.
⑤ 셀당 전압을 일정하게 유지해야 한다.
⑥ -10°C 이하에서 사용될 경우 사용불가 상태가 될 수 있다.
⑦ 50°C 이상에서는 배터리가 폭발할 수 있다.
⑧ 배터리가 부풀거나 사용이 불가하여 폐기할 때는 소금물에 하루동안 담궈놓아 방전시킨 뒤 폐기해야 한다(유독가스가 발생하기 때문에 사람의 손이 닿지 않고 환기가 잘되는 곳에서 진행한다.).

20 조종자의 소양과 역할

① 조종자로서 갖추어야 할 소양
  • 정보처리 능력
  • 빠른 상황판단 능력
  • 정신적 안정성과 성숙도
② 안전한 비행을 위한 노력을 게을리해서는 안 되며 필요한 안전조치를 취해야 한다.
③ 비행에 관련한 법을 숙지하고 위법한 비행을 해서는 안 된다.

21 비행장치에 미치는 힘

항공기에 작용하는 4가지 힘

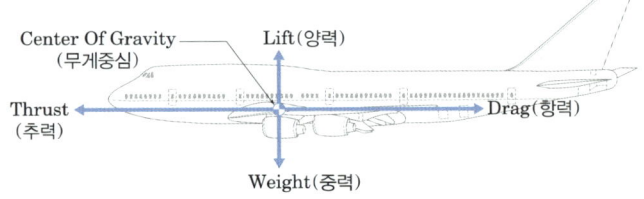

① 양력(Lift) : 공기의 흐름을 이용하여 상승하는 힘
② 중력(Weight) : 지구중심으로 작용하는 힘
③ 추력(Thrust) : 기체의 이동방향으로 작용하는 힘
④ 항력(Drag) : 기체 이동방향의 반대방향으로 작용하는 힘

토크와 반토크

① 토크 : 프로펠러의 회전방향의 반작용으로 반대방향으로 회전하는 힘
② 반토크 : 회전익 기체의 토크현상을 막기 위해 테일 로터 또는 동축반전의 형태로 작용시키는 힘

항력의 종류

① 형상항력 : 날개앞 모양에 따른 항력
② 마찰항력 : 표면의 거칠기에 따른 항력
③ 유도항력 : 양력의 영향으로 생기는 항력
④ 조파항력 : 공기의 압축성 충격파에 의한 항력

22 공기 흐름의 성질

점성
항공기 날개를 흐르는 공기는 날개 표면을 따라 흐른다.

압축성
공기 밀도의 변화

23 날개 특성 및 형태

에어포일 (airfoil)

① 날개골이라고도 한다. 유선형의 형상을 갖고 있는 익형은, 유체 내에서 운동하면서 공력을 발생시키기 때문에 비행기의 날개뿐만 아니라 헬리콥터의 회전날개(Rotor Blades)의 단면이나 프로펠러의 단면 등 다양하게 활용되고 있다.
② 바람 방향에 대한 시위선의 각을 받음각이라고 한다.

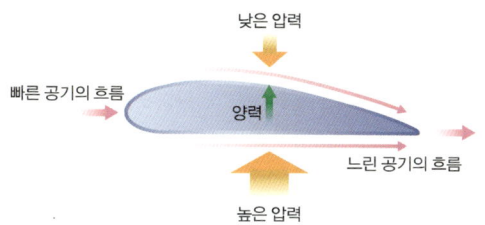

24 지면효과 및 후류 등

지면효과
항공기가 지면과 가까울 때 하강기류가 지면에 부딪히면서 생기는 양력의 상승효과

후류
날개를 따라 지나는 공기의 흐름이 날개 뒤쪽을 지나 박리가 생겨 소용돌이치는 공기의 흐름

날개끝와류
날개끝에서 생기는 공기의 소용돌이를 날개끝와류라고 한다.

무게중심 및 Weight & balance
사용 가능 기체(gas)

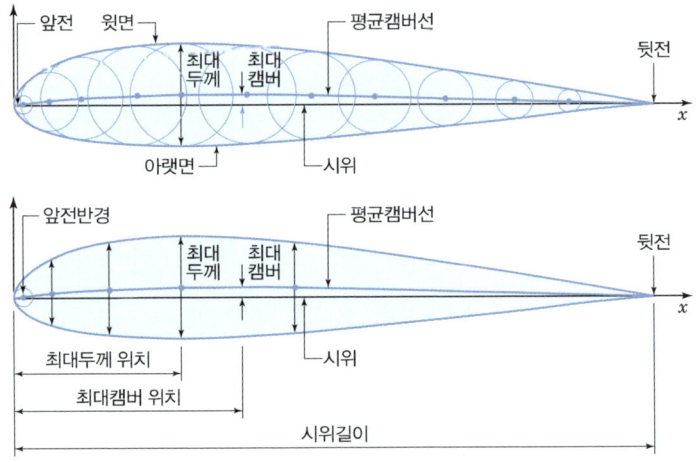

- 앞전(leading edge) : 에어포일의 앞부분 끝
- 뒷전(trailing edge) : 에어포일의 뒷부분 끝
- 시위(chord) : 앞전과 뒷전을 연결하는 직선
- 평균캠버선(mean camber line) : 두께의 등분점을 연결한 선
- 캠버 : 시위에서 평균캠버선까지의 길이, 시위와의 비로 표현

에어포일 각 부분의 명칭

25 비행 관련 정보(AIP, NOTAM) 등

AIP
① Aeronautical Information Publication 항공정보간행물
② 통합항공정보 패키지의 구성요소 국가별 항행에 필요한 정보를 확인 항공로, 비행장 등

NOTAM
① Notice to Airmen 항공고시보
② AIP를 통한 정보에 변경사항이나 위험요인 등이 생겼다는 사실을 긴급히 알리는 것

26 대기의 구조 및 특성

대기의 구조
① 대류권 : 지상에서 약 8~18km의 대기층 지구 전체 대기의 4분의 3이 대류권에 포함, 대류운동이 활발 기상현상이 발생, 온도변화 상승 1km당 6.5℃ 감소, 즉 1,000ft당 2℃ 감소한다.
② 성층권 : 대류권계면에서 약 50km의 대기층 대류권계면에서 35km 까지 온도변화가 거의 없음, 대류현상이 거의 없다. 대형 여객기나 군용정찰기의 항로로 이용된다.
③ 중간권 : 50~90km의 대기층, 약한 대류운동, 일부 전리층 포함
④ 열권 : 80~1,000km의 대기층, 대부분의 전리층 포함, 오로라 발생, 인공위성의 궤도

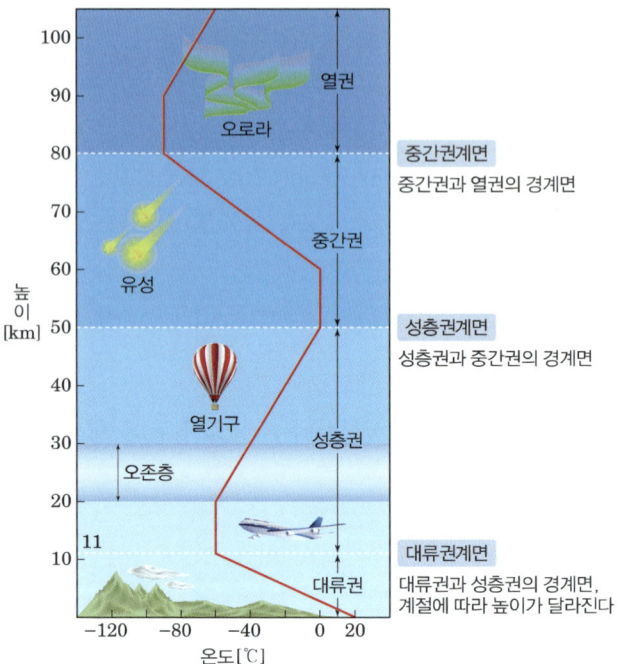

27 착빙

정의

물체의 표면에 얼음이 달라붙거나 덮이는 현상

영향

양력 감소, 무게 증가, 추력 감소, 항력 증가에 영향을 미친다. 앞날과 날개 윗면의 착빙으로 인해 양력은 30% 감소하고, 항력은 40% 증가한다.

종류

① 맑은 착빙 : 단단하고 무거움, 0~15°C에서 주로 생성된다.

② 거친 착빙 : 표면에 퍼지기 전에 급속 냉각 흰색이고 가벼우며 응결력이 약하나 표면이 거칠어 날개골의 공기 역학 효율이 감소한다.
③ 서리 : 맑고 안정된 대기 중에 미풍이 불 때 쉽게 거친 표면 형성된다. 5~10% 실속률

항공기 엔진 착빙

일반적인 착빙 예보는 항공기 기체 착빙(Airframe Icing)을 의미한다. 많은 현대화된 항공기들은 착빙의 위험을 줄이기 위하여 착빙 제거(De-icing) 혹은 착빙 방지(Anti-icing) 장치 등을 부착하고 있지만, 이들 장비만으로 착빙의 위험이 완전히 사라졌다고 할 수 없어 여전히 착빙은 가장 위험한 항공기상 요소로 남아 있다. 착빙은 특히 착빙제거 장치가 없는 경항공기나 헬리콥터 등에서 치명적인 경우가 있다. 일반적으로 착빙예보는 항공기가 구름 속을 비행하면서 만들어지는 경우만을 고려한다. 그러나 구름 바로 아래 존재하는 물과 얼음의 혼합물들도 온도에 따라 중요한 착빙 원인이 된다.

항공기 기체 착빙(이하 기체 착빙)은 주변 공기의 온도가 0℃ 이하이고 과냉각 수적들이 존재하고 있을 때 발생한다. 그러나 항공기가 외기온도가 영하인 고도를 비행하던 항공기가 급하게 하강하여 영상의 지역을 내려오더라도 여전히 항공기 표면의 온도가 영하인 상태로 남아 착빙이 발생하기도 한다. 이 경우를 '찬 적시기(Cold Soak)'라고 부른다.

> **항공기 착빙(Icing)**
> 항공기 안전운항에 영향을 주는 기상요소는 저시정, 뇌전, 강풍, 대설, 착빙 등 여러 가지가 있다. 이 중에서 특히 겨울철에 자주 발생하는 위험요소 중의 하나가 착빙이다. 착빙이란 물체의 표면에 얼음이 덮이거나 쌓이는 현상을 말한다. 항공기 운항에 중요한 착빙은 발생하는 위치에 따라 구조 착빙과 흡입 착빙이 있다.

기체 착빙은 5가지 형태로 형성된다.

(a) 거친 착빙

(b) 맑은 착빙

(c) 혼합 착빙

(d) 비 착빙

(e) 서리 착빙

① 거친 착빙(Rime Ice) : 일명, 상고대 착빙이라고도 불린다. 흰색, 다공성, 불투명, 부서지기 쉬운, 거친 형태를 가진 서리 착빙은 항공기 기체 주변 기류의 정상적인 흐름을 깨뜨린다. 서리 착빙은 항공기 기체 주변의 기류의 관점에서 보면 툭 튀어나와 있는 또 하나의 기체 표면처럼 보일 것이다. 따라서 착빙으로 인한 항공기 날개 주변의 형태 변화는 날개 표면 위의 기류 흐름을 방해해서 날개의 기능적 효율성을 저하시킨다.

② 맑은 착빙(Clear Ice) : 반짝이는 착빙(Glaze Ice)이라고도 불리는 착빙으로, 깨끗하고, 단단하며, 착 달라붙는 형태로 이 착빙도 항공기 기체 주변의 기류 흐름을 방해한다. 맑고, 반짝이는 유리 같은 형태를 가지고 있기 때문에 항공기 전면에 형성되면 마치 '뿔(Horns)'이 난 것처럼 앞으로 불룩 튀어나온 형태가 된다. 이러한 돌출은 항공기 주변 기류의 정상적인 흐름에 큰 장애가 된다. 항공기 전면에 형성된 맑은 착빙을 제거하기 위해서 착빙방지 장치를 작동하면 이 얼음들이 항공기 날개의 위아래나 항공기 동체

에 부착되는 경우가 발생할 수 있다. 이러한 경우가 발생하면 항공기 날개의 기능을 변조시켜 양력 발생이 줄어들 수 있다.
③ 혼합 착빙(Mixed Ice) : 서리 착빙과 맑은 착빙이 혼합된 형태로 매우 밀도가 높기 때문에 큰 위협이 된다.
④ 비 착빙(Rain Ice) : 아주 특이한 형태의 맑은 착빙으로 울퉁불퉁하고 고르지 못한 형태를 가집니다.
⑤ 서리 착빙(Hoar Frost) : 비나 구름이 없는 상태에서 추운 겨울 밤에 외부에 주기되어 있거나 '찬 적시기'의 결과로 항공기 외부에 얇은 코팅막을 형성하는 형태로 발생한다.

운형	착빙 가능성	착빙 강도	착빙 형태	액체물 함량(g/m^3)
CB	높음	심함	모든 종류	0.2~0.4
CU	보통/높음	보통/심함	맑은 착빙	0.2~0.6
NS	높음	심함	모든 종류	0.2~0.4
SC, AC	보통	보통 이상 드물게 발생	혼합 착빙	0.1~0.5
AS	낮음	보통/약함	거친 착빙	0.1~0.3
ST	낮음	약함	거친 착빙	0.1~0.5

28 기온과 기압

① 기온측정 높이 1.5m(백엽상)
② 기상의 7대 요소 : 기압, 기온, 습도, 구름, 강수, 바람, 시정
③ 해수면 기온 표준기압 15℃, 1013.25hPa=29.92inchHg=1기압(atm)=760mmHg
④ 섭씨와 화씨
 • 섭씨 0℃는 화씨 32°F
 • 섭씨 100℃는 화씨 212°F
⑤ 온도가 증가할수록 기압과 밀도는 낮아지고 습도는 증가한다.
  → 비행성능 감소 일정 온도 이하로 내려갔을 때 공기 중의 수분이 물방울로 맺히는 온도 : 노점온도
⑥ 비열이란 물질 1g의 온도를 1℃ 올리는 데 요구되는 열이다.

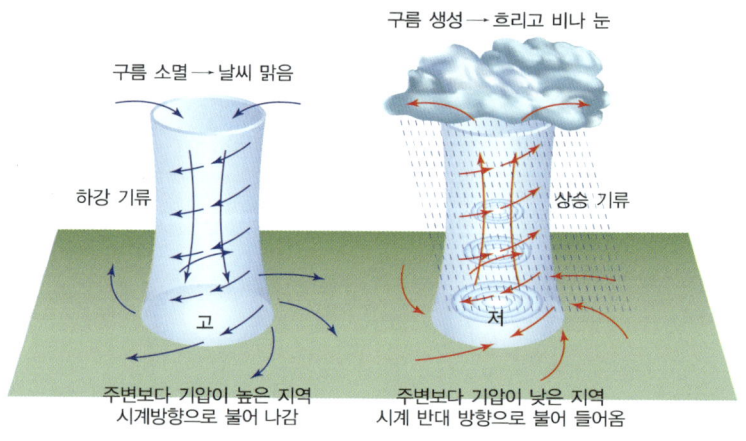

고기압과 저기압

구분	고기압	저기압
정의	주위보다 상대적으로 기압이 높은 곳	주위보다 상대적으로 기압이 낮은 곳
기류	하강 기류	상승 기류
날씨	맑은 날씨	구름이 생김. 흐린 날씨
풍향	바람이 시계 방향으로 불어 나감	바람이 시계 반대 방향으로 불어 들어감

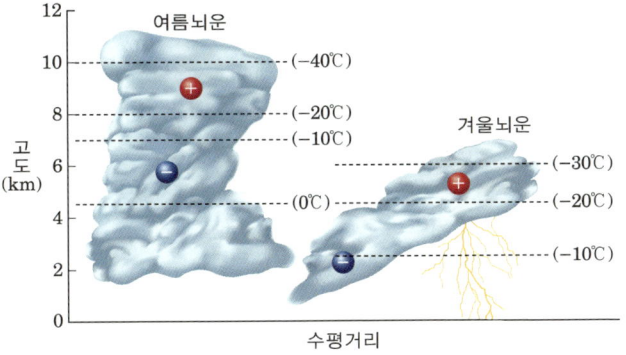

29 바람과 지형

바람이 부는 주요 원인
태양 복사열의 불균형

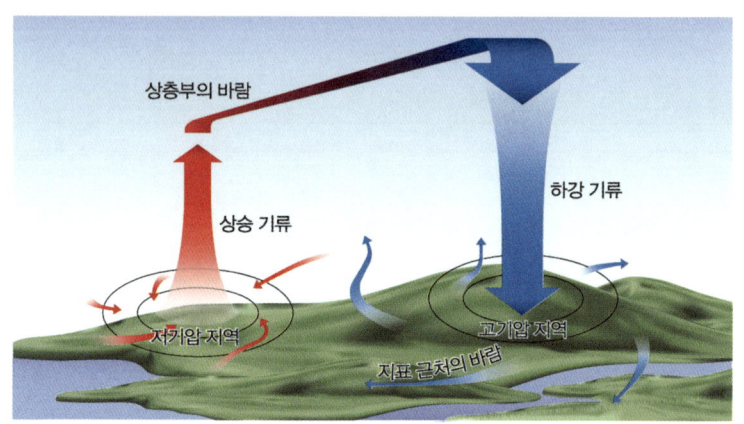

서기압과 고기압의 구조(북반구)

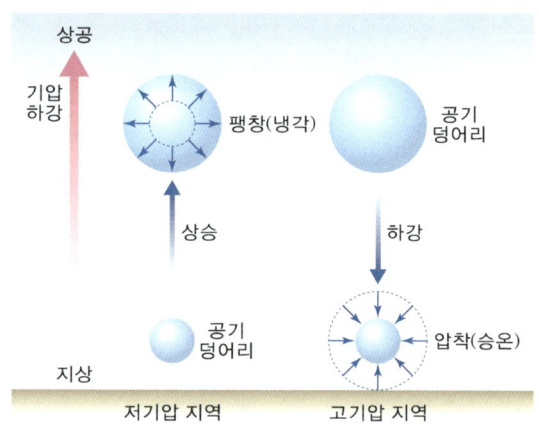

바람의 종류

① 푄(퓐) 현상 : 바람이 산 표면에 닿아 그 바람이 산을 넘어 하강기류로 내려와 따뜻하고 건조한 바람에 의해 그 부근의 기온이 오르는 현상을 말한다. 이 현상에 처해 있는 바람을 푄 바람이라고 부른다.

② 계절풍 : 계절풍의 원인은 **대륙과 해양의 비열 차이**로 발생한다. 대륙은 해양보다 비열이 작아 대륙이 해양보다 빨리 데워지고, 냉각되는 특징이 나타난다.

③ 편서풍 : 중위도 지방의 남위 및 북위 35~65°의 상공에서 1년 내내 **서쪽에서 동쪽으로 치우쳐 부는 바람**이다. 원인은 지구의 자전으로 인한 전향력에 있다.

④ 곡풍 : 낮에 빛을 많이 흡수한 산비탈은 산꼭대기보다 공기를 더 일찍 가열시켜 **바람이 산꼭대기를 향해 분다**.

⑤ 산풍 : 밤에 산꼭대기보다 더 빨리 냉각된 산비탈이 공기를 냉각시켜 **바람이 산꼭대기에서 산비탈을 향해 분다**.

⑥ 육풍 : 밤에는 육지의 공기가 빨리 식어 기압이 높아지고 바다의 기압이 상대적으로 낮아져서 **육지에서 바다 쪽으로 바람이 분다**.

⑦ 해풍 : 낮에는 바다보다 육지의 공기가 빨리 데워져서 기압이 낮아지고 바다의 기압이 상대적으로 높아져서 **바다에서 육지로 바람이 분다**.

⑧ 윈드시어 : 바람이 예상하지 못한 방향으로 예상하지 못한 세기가 바뀌는 현상이기에, 바람을 타고 있을 때 발생하게 되면, 대응하기가 힘든 문제점이 생긴다. 한국어 용어로는 '풍속 수직 비틀림' 또는 '순간돌풍'이라고도 부른다.

⑨ 돌풍 : 바람의 소용돌이가 수직적으로 배향되어 회전하는 공기기둥이 가열과 흐름 구배에 의해 생성된 난류와 인스터빌리티(불안)로 인해 생성되는 기후 현상이다. 돌풍은 세계 전체에 어떠한 계절에도 보일 수 있다(예: 토네이도, 용오름, 돌개바람).

⑩ 스콜 : 갑자기 바람이 불기 시작하여 몇 분 동안 지속된 후 갑자기 멈추는 현상을 이르는 말이다.

- 샛바람 : 동쪽에서 불어오는 바람(동풍)
- 하늬바람 : 서쪽에서 불어오는 바람(서풍)
- 마파람 : 남쪽에서 불어오는 바람(남풍)
- 된바람 : 북쪽에서 불어오는 바람(북풍)
- 높새바람 : 북동쪽에서 불어오는 바람(북동풍)
- 갈마바람 : 남서쪽에서 불어오는 바람(남서풍)
- 소소리바람 : 이른 봄에 살 속으로 스며드는 듯한 차고 매서운 바람
- 소슬바람 : 가을에 외롭고 쓸쓸한 느낌을 주며 부는 으스스한 바람
- 살바람 : 초봄에 부는 찬 바람 또는 좁은 틈으로 새어 들어오는 찬 바람
- 색바람 : 이른 가을에 부는 선선한 바람
- 왜바람 : 방향이 없이 이리저리 부는 바람

30 시정 및 시정장애현상

안개

대기에 떠다니는 작은 물방울의 모임 중에서 지표면과 접촉하며 가시거리가 1,000m 이하가 되게 만드는 것이다. 본질적으로는 구름과 비슷한 현상이나, 구름에 포함되지는 않는다. 안개는 습도가 높고, 기온이 이슬점 이하일 때 형성되며, 흡습성의 작은 입자인 응결핵이 있으면 잘 형성된다. 하층운이 지표면까지 하강하여 생기기도 한다.

황사

사막에 있는 모래와 먼지가 상승하여 편서풍을 타고 멀리 날아가 서서히 가라앉는 현상을 말한다. 황사는 그 속에 섞여 있는 석회 등의 알칼리성 성분이 산성비를 중화함으로써 토양과 호수의 산성화를 방지하고, 식물과 바다의 플랑크톤에 유기염류를 제공하는 등의 장점이 있지만, 인체의 건강이나 농업을 비롯한 여러 산업 분야에서 피해를 끼쳐 황사 방지를 위한 범국가적 대책이 요구되고 있다.

스모그

자동차 배기가스나 화력 발전소·공장 등에서 나오는 대기 오염 물질 때문에 생긴다. 대도시에서 많이 생기지만, 바람에 실려가 다른 곳에 피해를 주기도 한다.

31 구름

상층운

지상 5,000~1만 3,000m의 대류권의 저온부에서 형성
① 권운 : 매우 작은 얼음의 결정(氷晶)으로 되어 있으며 가는 선, 흰 조각, 좁은 띠 모양을 띠고 있다(새털구름).
② 권층운 : 태양이나 달의 무리(햇무리, 달무리)를 나타나게 하는 반투명의 흰 베일과 같은 구름(털층구름, 면사포구름, 무리구름).
③ 권적운 : 작은 구름은 서로 붙거나 떨어져 어느 정도 규칙적으로 배열한다. 때때로 무지갯빛 구름이나 코로나를 볼 수 있다(털쌘구름, 비늘구름, 조개구름).

중층운

2,000~7,000m 높이에서 형성된다.

① 고층운 : 2,000~7,000m의 이상의 높이에 나타나며, 두께는 수백 m에서 수천 m에 이른다. 구름의 정상은 10,000m 높이까지 이르기도 한다(높층구름, 흰색차일구름, 꼬리구름, 유방구름).

② 고적운 : 약 2,000~7,000m의 높이에 나타나며, 구름의 입자는 대부분 작은 물방울이지만 기온이 매우 낮을 때에는 빙정도 나타난다(높쌘구름, 양떼구름, 렌즈구름).

하층운

2,000 이하에서 형성된다. 하층운이 땅에 닿으면 '안개'로 부른다. 이 구름은 비를 머금고 있는 경우가 많다.

① 층운 : 안개가 공중으로 떠오른 것 같은 낮은 구름으로 작은 물방울의 집합체로서, 구름이 아주 얇을 때는 달무리가 나타나기도 한다.

② 층적운 : 구름의 밑면은 고도가 약 500m, 구름의 꼭대기는 약 2,000m에 이른다.

난층운

주로 2,000~7,000m 높이에서 나타나며 하늘 전체를 덮고 두꺼운 층을 이룬다(비층구름, 비구름).

적란운

꼭대기의 높이는 12km에 이를 때도 있다. 적란운은 흔히 소나기를 동반하며, 심할 때에는 우박과 뇌우, 토네이도를 발생시키기도 한다(쌘비구름, 뇌운).

- 적운 : 적운은 흔히 맑은 날 햇볕이 내리쬐어 나타난 대류현상 때문에 나타난다. 적운에서는 비가 오지 않으며, 오더라도 그 양이 매우 적다(쌘구름, 뭉게구름).

32 고기압과 저기압

구분	고기압	저기압
모습 (북반구)	하강기류, 시계방향, 하강기류	상승기류, 반시계방향, 상승기류
정의	주변보다 기압이 높은 곳	주변보다 기압이 낮은 곳
바람	시계방향으로 불어 나감	반시계방향으로 불어 나감
기류, 날씨	중심부에 하강 기류 → 구름 소멸 → 날씨 맑음	중심부에 상승 기류 → 구름 생성 → 날씨 흐림

고기압

① 보통 하강기류가 있으므로 날씨가 맑다. 그러나 소멸 단계의 고기압 또는 고기압 후면에서 하층이 가열되면 대기가 불안정하여 적란운이 발생하고 심하면 소나기, 뇌우를 동반한다.
② 일반적으로 바람은 기압이 높은 곳에서 낮은 곳으로 분다. 이때 고기압은 북반구에서는 시계방향이며 남반구에서는 반대방향으로 회전한다.
③ 풍속은 중심에 가까워질수록 약해진다.
④ 이동성 고기압을 제외하면 대체로 아주 느리게 이동하거나 제자리에 위치한다.
  • 한랭고기압 : 방사냉각이 강하여 지표 부근의 공기의 밀도가 커져서 생긴다.
  • 온난고기압 : 대기 순환 중에서 공기가 막혀 그 지표에 형성된다.
  • 이동성 고기압 : 두 저기압 사이를 빠른 속도로 이동한다.

저기압

저기압은 그 생성 방법에 따라 몇 가지 종류로 나눌 수 있다. 저기압 중에서 가장 빈번하게 발생하고, 더욱이 발생하면 폭풍우를 동반하는 것은 한대전선 상에서 발생하는 것이다. 이 저기압을 온대 저기압 또는 전선성 저기압이라 한다.

① 열적 저기압 : 여름 한낮에 강한 햇빛으로 지표 부근의 공기의 밀도가 작아져 생기는 저기압으로, 산간 지역에 발생하는 경우가 많다. 이런 종류의 저기압은 번개의 발생에 관계되는 경우도 있으나 규모가 작고, 밤이 되면 대개 소멸한다.

② 지형성 저기압 : 산맥의 바람이 부는 아래쪽이 기압이 낮아져 그로 인해 생기는 저기압으로, 이 저기압은 단독으로는 발생하지 않고, 날씨 변화에도 큰 영향을 미치지는 않는다.

33 기단

영향을 주는 공기의 성질												
	시베리아 기단 한랭 건조		양쯔강 기단 온난 건조			오호츠크해 기단 한랭 다습	북태평양 기단 고온 다습		오호츠크해 기단 한랭 다습	양쯔강 기단 온난 건조		시베리아 기단 한랭 건조
월	1	2	3	4	5	6	7	8	9	10	11	12
계절	겨울		봄			여름			가을			겨울
주요 기상 현상	폭설·한파		황사			장마	무더위			온난		폭설 한파
			온난				태풍					
			건조			호우				건조		

북태평양 기단

해양성 열대 기단으로, 태평양 아열대기단의 서부에 해당하여 주로 따뜻한 계절에 발달한다. 북태평양 기단은 고기압의 형태로 나타나기 때문에 북태평양 고기압이라고도 한다. 한반도는 한여름에 거의 이 기단에 덮이며, 봄이나 가을에도 저기압의 영향을 받는 온난 지역에 이 기단이 자리 잡는다.

시베리아 기단

대륙성 한대 기단으로, 시베리아의 넓은 지역에서 발달한다. 시베리아 기단은 대륙성 고기압으로 나타나기 때문에 시베리아 고기압이라고도한다. 겨울철에 한반도는 거의 이 기단에 덮이게 된다.

오호츠크해 기단

해양성 한대 기단의 일종으로, 오호츠크해 방면의 차가운 해상에서 발생한다. 오호츠크해 기단은 고기압의 형태로 나타나기 때문에 오호츠크해 고기압 또는 오호츠크 고기압이라고도 한다. 장마나 가을비가 내리는 시기에 한반도 동쪽에는 주로 이 기단이 자리 잡는다. 장마가 생기는 이유는 북태평양 기단과 부딪치기 때문이다.

양쯔강 기단

중국 양쯔강 유역에서 발원하여 봄과 가을에 한반도 및 일본 일대에 영향을 주는 이동성 고기압이다.

적도 기단

적도 부근에 위치하는 고온 다습한 기단이다. 태평양, 인도양, 대서양에 띠 모양으로 분포하며, 해양성 기단에 속한다. 해양에서 증발한 대량의 수증기를 포함하고 있는데, 우리나라에서는 태풍과 함께 북상하는 기단이다.

34 전선

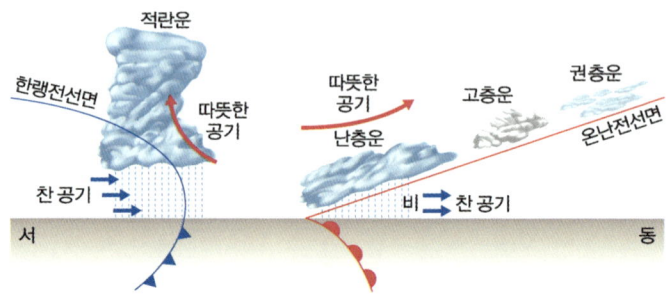

전선면과 지표면이 만나는 선을 전선이라고 한다. 기단이 발원지를 떠나 이동하여 다른 기단과 만나게 되어 생기는 두 기단의 경계를 전선면이라고 한다.

온난전선

전선 중에서 따뜻한 기단이 차가운 기단 쪽으로 이동하는 전선을 말한다. 두 기단의 경계면의 경사는 완만하다. 권층운, 고층운 등이 나타나고 다음에 난층운이 와서 비 또는 눈이 오게 된다. 온난전선이 지나간 다음에는 일반적으로 기압이 감소한다.

한랭전선

찬 기단이 따뜻한 기단 밑으로 파고들면서 밀어내는 전선이다. 경사는 온난전선보다 크다. 적운 또는 적란운이 대부분이기 때문에 소나기성 비가 내린다. 뇌우를 동반하는 경우가 많고 상승기류가 있기 때문에 전선이 가까이 오면 기압은 하강한다.

폐색전선

한랭전선과 온난전선이 겹쳐진 전선을 말한다. 계속해서 진행되면 공기는 안정되어 온대저기압은 소멸한다. 폐색전선에 따른 날씨는 한랭전선과 온난전선에서 나타나는 날씨와 비슷하게 나타난다.

정체전선

찬 기단과 따뜻한 기단의 양쪽 세력이 비슷하여 거의 이동하지 않고 일정한 자리에 머물러 있는 전선을 말한다. 정체전선 근처에서는 날씨가 흐리고 비가 오는 시간도 길어지는데, 여름철 한반도에 걸치는 장마전선이 대표적인 예이다.

35 뇌우 및 난기류

뇌우

천둥·번개와 함께 내리는 비이며, 주로 여름철의 지표면 불균등 가열로 발생한 적란운이나 한랭전선에서 발생한 적란운, 적운 등에서 나타난다. 뇌우가 내리기 전에 갑작스런 강한 바람이 불고, 수분 동안 기온이 낮아지기도 한다. 때때로 비 대신 우박이나 싸라기눈이 내리기도 한다.

난기류

대류권의 공기 흐름이 예측할 수 없이 불규칙한 현상을 말하며, 상황이나 항공기 고도에 따라 윈드시어와 터뷸런스 등으로 세분화된다.

혼신의 힘을 다하자!

Throw your heart over the fence
and the rest will follow.
혼신의 힘을 다해 장애물을 넘는다면,
나머지는 저절로 해결될 것이다.

노먼 빌센트 빌
Norman Vincent peale

Chapter 04

한방에 드론조종자격 필기 예상문제

01 항공법규

01 조종자 준수사항(항공법 제23조, 시행규칙 제68조)으로 틀린 것은?

① 200m 이상의 고도
② 휴전선 인근, 비행 금지
③ 비행장으로부터 반경 9.3km 이내인 곳, 비행 금지
④ 국방, 보안상의 이유로 비행이 금지된 곳, 비행 금지

02 국토교통부와 (사)한국드론협회가 공동 개발한 스마트폰 애플리케이션으로 내가 비행하려는 장소가 허가가 필요한 곳인지 쉽게 찾아볼 수 있는 애플리케이션은?

① Ready to sky   ② Fly Fly
③ Fly Ready   ④ Ready to fly

03 원칙적으로 드론을 실내에서 비행할 때에도 비행승인을 받아야 한다.

① YES   ② NO
③ of course   ④ Definitely

정답 **01** 01 ① 02 ④ 03 ②

04 항공안전법에서 일반적인 조종사 준수사항 중 틀린 것은?

① 150m 미만 고도로 비행
② 야간 비행 150m 이하 고도 비행 가능
③ 낙하물 투하, 음주비행 불가
④ 공항 주변 비행금지구역 제한구역에서 비행금지

05 항공안전법 드론관리제도에서 벌칙에 대한 설명 중 옳은 것은?

① 조종사 준수사항 위반 시 과태료 200만 원
② 12kg 이하 비사업용을 제외한 장치 미신고 시 징역 60개월 벌금 500만 원
③ 사업용 보험 미가입 시 300만 원
④ 비사업용 보험 미가입 시 500만 원

06 드론비행절차를 설명한 것 중 옳은 것은?

① 25kg 이하 드론의 사업용일 경우 장치신고 없이 비행이 가능하다.
② 25kg 이상 비사업용일 경우 안전성 인증검사와 장치신고 없이 비행이 가능하다.
③ 최대이륙중량과 관계없이 자체중량 2kg을 초과하는 초경량비행장치는 신고가 필요하다.
④ 자체중량 12kg을 초과하는 초경량비행장치 중 무인비행장치는 비사업용으로 비행할 경우 조종자증명이 필요하다.

07 항공안전법에서 비행금지구역에 대한 설명 중 옳은 것은?

① 150m 이하 고도로 비행가능
② 야간 비행 150m 이하 고도 비행가능
③ 낙하물 투하 가능
④ 안전, 국방 및 그 밖의 이유로 항공기의 비행을 금지하는 육지 또는 영해 상공에 설정된 일정범위의 공역

08 판매를 목적으로 하지 않고 개인이 반입할 수 있는 기자재의 수량은?

① 면제확인 수량은 언제나 다르다.
② 반입할 수 있는 수량은 1대이다.
③ 100대 이하는 언제나 반입할 수 있다.
④ 개인이 반입할 수 있는 수량은 10대이다.

09 다음 중 초경량비행장치가 비행 중 조작이 불능 시 가장 먼저 할 일은?

① 소리를 크게 쳐서 알린다.
② 조종자 가까이 이동시켜 착륙시킨다.
③ 안전하게 착륙시킨다.
④ 급하게 불시착시킨다.

10 초경량비행장치 사고를 일으킨 조종자 또는 소유자는 사고 발생 즉시 지방항공청에 보고하여야 하는데 그 내용이 아닌 것은?

① 초경량비행장치 소유자의 성명 또는 명칭
② 사고가 발생한 일시 및 장소
③ 사고의 정확한 원인분석 결과
④ 초경량비행장치의 종류 및 신고번호

11 다음 중 맞는 설명은?

① 자체 중량이 12kg 초과일 때, 취미용일 경우 조종자 자격 증명이 필요하다.
② 이륙 중량이 25kg 이하일 때, 사업용일 경우 안전성 인증 검사를 받아야 한다.
③ 자체 중량이 2kg 초과일 때, 비사업용일 경우 장치 신고를 해야 한다.
④ 자체 중량이 12kg 이하일 때, 사업용일 경우 조종자 자격 증명이 필요하다.

정답 04 ② 05 ① 06 ③ 07 ④ 08 ② 09 ① 10 ③ 11 ③

12 초경량비행장치 지도조종사 자격시험에 응시할 수 있는 최소 연령은?

① 만 14세 ② 만 18세
③ 만 19세 ④ 만 20세

13 초경량 비행장치 비행계획 승인 신청 시 포함되지 않는 것은?

① 비행경로 및 고도 ② 동승자의 음주 여부
③ 기장의 성명 ④ 비행장치의 종류 및 형식

「항공안전법시행규칙」 제183조(비행계획에 포함되어야 할 사항) 법 제67조에 따라 비행계획에는 다음 각 호의 사항이 포함되어야 한다. 다만, 제9호부터 제14호까지의 사항은 지방항공청장 또는 항공교통본부장이 요청하거나 비행계획을 제출하는 자가 필요하다고 판단하는 경우에만 해당한다.

1. 항공기의 식별부호
2. 비행의 방식 및 종류_0001MS_0001
3. 항공기의 대수·형식 및 최대이륙중량 등급
4. 탑재장비
5. 출발비행장 및 출발 예정시간
6. 순항속도, 순항고도 및 예정항공로
7. 최초 착륙예정 비행장 및 총 예상 소요 비행시간
8. 교체비행장(시계비행방식에 따라 비행하려는 경우 또는 제186조 제3항 각 호에 해당되는 경우는 제외한다)
9. 시간으로 표시한 연료탑재량
10. 출발 전에 연료탑재량으로 인하여 비행 중 비행계획의 변경이 예상되는 경우에는 변경될 목적비행장 및 비행경로에 관한 사항
11. 탑승 총 인원(탑승수속 상 불가피한 경우에는 해당 항공기가 이륙한 직후에 제출할 수 있다)
12. 비상무선주파수 및 구조장비
13. 기장의 성명(편대비행의 경우에는 편대 책임기장의 성명)
14. 낙하산 강하의 경우에는 그에 관한 사항
15. 그 밖에 항공교통관제와 수색 및 구조에 참고가 될 수 있는 사항

14 초경량비행장치 조종자 전문교육기관이 확보해야 할 지도조종자의 최소 비행시간은?

① 50시간 ② 80시간
③ 100시간 ④ 150시간

15 멀티콥터 비행 시 조종자 준수사항을 1차 위반할 경우 항공안전법에 따른 과태료는 얼마인가?

① 10만 원 ② 20만 원
③ 50만 원 ④ 100만 원

16 다음 중 공항이 있는 지역이 아닌 곳은?

① 양양 ② 여수
③ 오산 ④ 울산

17 초경량비행장치 사고를 일으킨 조종자가 지방항공청장에게 보고하여야 하는 사항이 아닌 것은?

① 사고가 발생한 일시 및 장소
② 사고의 경위
③ 조종자 및 그 초경량비행장치 소유자의 성명 또는 명칭
④ 초경량비행장치의 보관장소

18 비행준비 및 비행 전·후 점검사항이 아닌 것은?

① 라이센스는 확인하셨습니까?
② 조종자의 몸 상태는 괜찮습니까?
③ 현재 비행할 지역에 비행승인은 받으셨습니까?
④ 메인 배터리와 조종기 배터리는 충전된 상태입니까?

19 무인회전익 비행 시 맨 먼저 확인하여야 하는 사항은?

① 물건의 파손 개요
② 호버링 상태에서 작동 여부
③ 비상상황을 대비한 장애물, 사람과의 안전거리
④ 기체 이력부에서 이전 비행기록과 이상발생 여부

정답 12 ② 13 ② 14 ③ 15 ④ 16 ③ 17 ④ 18 ① 19 ④

20 다음 중 초경량비행장치 조종자 준수사항이 아닌 것은?

① 인명이나 재산에 위험을 초래할 우려가 있는 초음파를 쏘는 행위
② 사람이 많이 모인 장소의 상공에서 인명 또는 자산에 위험을 초래할 우려가 있는 방법으로 비행하는 행위
③ 일몰 후부터 일출 전까지의 야간에 비행하는 행위
④ 주류, 마약류 또는 환각물질 등의 영향으로 조종업무를 정상적으로 수행할 수 없는 상태에서 조종하는 행위

21 다음 중 조종자로서 갖추어야 할 소양으로 알맞지 않은 것은?

① 정보처리 능력
② 빠른 상황판단 능력
③ 정신적 안정성과 성숙도
④ 두 눈을 뜨고 잰 시력 1.5 이상

22 무인멀티콥터(드론)의 항공안전법에서 요구하는 최고 비행 고도는?

① 100m   ② 120m
③ 150m   ④ 200m

23 초경량비행장치사고에 관한 보고를 하지 아니하거나 거짓으로 보고한 초경량비행장치 조종자 또는 그 초경량비행장치 소유자에게 부과되는 과태료는?

① 10만 원   ② 20만 원
③ 30만 원   ④ 50만 원

24 초경량비행장치의 수신기와 각종 센서로 부터 받은 신호를 계산하여 기체 전체의 두뇌역할을 하는 장치를 무엇이라 하는가?

① 프로펠러   ② GPS
③ FC   ④ PCM

25 다음 중 초경량비행장치 조종자로서 갖추어야 할 소양이 아닌 것은?
① 정보처리 능력　② 빠른 상황판단 능력
③ 정신적 안정성과 성숙도　④ 위법을 감수하는 자신감

26 항공기의 항행안전을 저해할 우려가 있는 장애물 높이가 지표 또는 수면으로부터 몇 미터 이상이면 항공장애 표시 등 및 항공장애 주간 표지를 설치하여야 하는가? (단, 장애물 제한구역 외에 한한다.)
① 50미터　② 100미터
③ 150미터　④ 200미터

150m 고도 미만에서 드론을 날려야 한다. 조종자 준수사항

27 초경량비행장치의 멸실 등의 사유로 신고를 말소할 경우에 그 사유가 발생한 날부터 몇 일 이내에 지방항공청장에게 말소신고서를 제출하여야 하는가?
① 5일　② 10일
③ 15일　④ 30일

28 항공시설 업무, 절차 또는 위험요소의 시설, 운영상태 및 그 변경에 관한 정보를 수록하여 전기통신 수단으로 항공종사자들에게 배포하는 공고문은?
① AIC　② AIP
③ AIRAC　④ NOTAM

29 초경량비행장치 조종자증명을 취득하기 위한 최소 비행시간은?
① 5시간　② 10시간
③ 20시간　④ 50시간

정답　20 ①　21 ④　22 ③　23 ③　24 ③　25 ④　26 ③　27 ③　28 ④　29 ③

30 항공정보간행물(AIP)은 무엇의 약자인가?
① Air Information Protocol
② Air Introduction Poil
③ Air Instant Porce
④ Air Information Publication

31 초경량비행장치 조종자 자격시험에 응시할 수 있는 최소 연령은?
① 만 12세 이상　　② 만 13세 이상
③ 만 10세 이상　　④ 만 18세 이상

만 10세 이상(4종 취득)

32 우리나라 항공안전법의 기본이 되는 국제법은?
① 일본 동경협약
② 국제민간항공조약 및 같은 조약의 부속서
③ 미국의 항공법
④ 중국의 항공법

33 우리나라 항공안전법의 목적은 무엇인가?
① 생명과 재산을 보호하고 항공기술발전에 이바지함
② 항공기 등 안전항행 기준을 법으로 정함
③ 국제 민간항공의 안전 항행과 발전 도모
④ 국내 민간항공의 안전 항행과 발전 도모

34 초경량비행장치의 운용시간은 언제부터 언제까지인가?
① 일출부터 일몰 30분 전까지
② 일출부터 일몰까지
③ 일몰부터 일출까지
④ 일출 30분 후부터 일몰 30분 전까지

35 다음 중 가장 큰 금액의 과태료가 부과되는 경우는?

① 변경신고, 이전신고, 말소신고를 하지 않은 자
② 기간 내 말소신고를 하지 않은 자
③ 조종자 자격증명 없이 초경량비행장치를 비행한 자
④ 안전성 인증을 받지 않고 비행한 자

36 NOTAM 유효기간으로 적당한 것은?

① 1개월   ② 3개월
③ 6개월   ④ 1년

항공보안을 위한 시설, 업무 또는 방식 등의 설치와 변경, 위험의 존재 등에 대해서 운항 관계자에게 국가에서 실시하는 고시로 기상정보와 함께 항공기 운항에 없어서는 안 될 중요한 정보이다.

37 초경량비행장치의 기체 등록은 누구에게 신청하는가?

① 한국교통안전공단 이사장   ② 국토교통부장관
③ 국방부장관   ④ 지방경찰청장

38 비행제한구역에 비행을 하기 위해 승인 절차를 거쳐야 한다. 누구에게 신청을 하여야 하는가?

① 지방항공청장   ② 국토교통부장관
③ 국방부장관   ④ 지방경찰청장

39 다음의 초경량비행장치를 사용하여 비행하고자 하는 경우 이의 자격증명이 필요한 것은 다음 중 어느 것인가?

① 회전익 비행장치   ② 패러글라이더(Paraglider)
③ 계류식 기구   ④ 낙하산

정답 30. ④ 31. ③ 32. ② 33. ① 34. ② 35. ④ 36. ② 37. ① 38. ① 39. ①

40 초경량동력비행장치를 소유한 자는 지방항공청장에게 신고서류를 제출하여야 한다. 이때 첨부하여야 할 것이 아닌 것은?

① 초경량동력비행장치를 소유하고 있음을 증명하는 서류
② 초경량비행장치의 측면사진
③ 초경량동력비행장치의 설계도, 설계 개요서, 부품목록(안전성인증에 필요한 서류)
④ 제원 및 성능표

41 동력비행장치를 사용하여 초경량비행장치 비행제한공역을 비행하고자 할 경우 필요한 사항이다. 다음 중 해당되지 않는 것은 무엇인가?

① 초경량비행장치 비행제한공역을 비행하고자 하는 자는 미리 비행계획을 수립하여 국토교통부장관의 승인을 얻어야 한다.
② 교통안전공단에서 발행한 자격증명이 있어야 한다.
③ 초경량비행장치가 국토교통부 장관이 정하여 고시하는 비행 안전을 위한 기술상의 기준에 적합하다는 안전성 인증 증명이 있어야 한다.
④ 국토교통부령이 정하는 인력설비 등의 기준을 갖추었다고 인정하여 지정한 전문교육기관에서 비행 승인하여야 한다.

비행승인신청 시 첨부서류는 신고증명서와 안전성인증서 신청서에는 조종자의 인적사항과 자격증명, 동승자 인적사항, 비행경로 및 고도 포함됨. 비행승인신청은 국토교통부장관 승인 서류는 지방항공청장에게 제출(청장 위임)

42 초경량비행장치에 속하지 않는 것은?

① 동력 비행장치   ② 회전익 비행장치
③ 패러플레인   ④ 비행선

초경량비행장치는 인력활공기, 동력비행장치, 회전익비행장치(자이로플레인, 초경량헬리콥터, 패러플레인, 기구 등으로 항공안전본부장이 크기, 무게, 용도 등을 고려하여 정하여 고시하는 비행장치

43 안전성인증검사의 유효기간으로 적당하지 않은 것은 어느 것인가?

① 안전성 인증검사는 발급일로부터 1년으로 한다.
② 비영리 목적으로 사용하는 초경량장치는 2년으로 한다.
③ 안전성 인증검사는 발급일로 2년으로 한다.
④ 인증검사 재검사 시 불합격 통지 6개월 이내 다시 검사한다.

44 영리를 목적으로 자격증명이 없이 초경량비행장치에 타인을 탑승시켜 비행을 한 자의 처벌로 맞는 것은?

① 1년 이하의 징역 또는 1천만 원 이하의 벌금(영리목적으로 자격증명과 안정성인증서 없이 보험미가입하고 타인을 태우고 비행할 시 적용)
② 500만 원 이하의 과태료(안전성 인증 없이 또는 자격증명 없이 또는 보험미가입시 적용됨)
③ 200만 원 이하의 과태료(신고하지 않고 또는 비행승인 없이 비행하였을 경우 적용됨)
④ 2년 이하의 징역 또는 3천만 원 이하의 벌금

45 초경량비행장치 운용제한에 관한 설명 중 틀린 것은?

① 인구가 밀집된 지역 기타 사람이 운집한 장소의 상공에서 인명 또는 재산에 위험을 초래할 우려가 있는 방법으로 비행하는 행위를 해서는 안 된다.
② 인명이나 재산에 위험을 초래할 우려가 있는 낙하물을 투여하는 행위를 하여서는 안 된다.
③ 안개 등으로 인하여 지상목표물을 육안으로 식별할 수 없는 상태에서 비행하는 행위를 해서는 안 된다
④ 비행장치가 식별되면 일몰 후 비행이 가능하다.

야간비행은 금지(일출에서 일몰까지만 가능함)

정답 40. ③ 41. ④ 42. ④ 43. ① 44. ① 45. ④

46 다음의 초경량비행장치 중 국토교통부령으로 정하는 보험에 가입하여야 하는 것은 어느 것인가?

① 영리 목적으로 사용되는 인력활공기
② 개인의 취미생활에 사용되는 행글라이더
③ 영리목적으로 사용되는 동력비행장치
④ 개인의 취미생활에 사용되는 낙하산

> 보험가입은 영리목적으로 비행하는 동력, 회전익, 패러플레인, 유인자유기구에 적용된다.

47 진로의 양보에 대한 설명 중 틀린 것은?

① 다른 항공기를 우측으로 보는 항공기가 진로를 양보한다.
② 착륙을 위하여 최종 접근 중에 있거나 착륙중인 항공기에게 진로를 양보한다.
③ 상호 비행장에 접근 중일 때는 높은 고도에 있는 항공기에게 진로를 양보한다.
④ 발동기의 고장, 연료의 부족 등 비정상 상태에 있는 항공기에 대해서는 모든 항공기가 진로를 양보한다.

> 상호 접근 중일 때는 낮은 고도에 우선권이 있다.

48 관제 용어 중 Say again이란 다음 중 어떤 의미인가?

① 교신 내용을 반복하라.   ② 되돌아간다.
③ 착륙한다.   ④ 복행하라.

> 항공통신언어
> • 송신하라 또는 말하라(go-ahead)
> • 이륙 및 착륙허가(cleared to take off, land)
> • 착륙 요청 시(full stop, stop and go, touch and go)
> • 교신 끝(out)   • 알았다(roger)
> • 아니오(negative)   • 알았다(affirmative)
> • 잠시 대기하라(stand by)

49 초경량비행장치 조종 자격증명 시험 응시자의 자격으로 맞는 것은?
① 연령에 관계없다. ② 연령이 만 14세 이상
③ 연령이 만 12세 이상 ④ 연령이 만 20세 이상

50 초경량비행장치의 사고 중 항공사고조사위원회가 사고의 조사를 하여야 하는 항목이 아닌 것은 어느 것인가?
① 차량이 주차된 초경량비행장치를 파손시킨 사고
② 초경량비행장치로 인하여 사람이 중상 또는 사망한 사고
③ 비행 중 발생한 추락, 충돌 사고
④ 비행 중 발행한 화재 사고

비행 중 발생한 추락, 충돌 및 화재 사고와 초경량에 의하여 사람이 중상 또는 사망 사고 시

51 초경량비행장치 조종자 전문교육기관의 구비요건 중 부적합한 사항은?
① 강의실 1개 이상 ② 이착륙 시설
③ 1인용 비행장치 1대 이상 ④ 사무실 1개 이상

훈련용 비행장치 1대 이상

52 안전성인증검사를 받아야 하는 초경량비행장치가 아닌 것은?
① 초경량 동력비행장치 ② 초경량 회전익 비행장치
③ 동력 패러글라이드 ④ 패러글라이드

안전성인증검사 대상은 동력, 회전익 비행장치(자이로플레인, 초경량헬리콥터), 동력 패러글라이드

정답 46. ③ 47. ③ 48. ① 49. ② 50. ① 51. ③ 52. ④

53 다음 중 전파에 의하여 항공기의 항행을 돕는 시설은?

① 항공등화 ② 항행안전무선시설
③ 풍향등 ④ 착륙방향지시등

54 비행정보구역(FIR)을 지정하는 목적과 거리가 먼 것은?

① 영공통과료 징수를 위한 경계설정
② 항공기 수색·구조에 필요한 정보제공
③ 항공기 안전을 위한 정보제공
④ 항공기 효율적인 운항을 위한 정보제공

02 항공기상

01 공기의 흐름에 대한 설명 중 옳은 것은?

① 날개 윗부분 속도 빠름, 압력 높음
② 날개 윗부분 속도 빠름, 압력 낮음
③ 날개 아랫부분 속도 빠름, 압력 낮음
④ 날개 아랫부분 속도 느름, 압력 낮음

02 항공기상 보퍼트 풍력 계급표에 대한 설명 중 틀린 것은?

① 0~0.2m/s 연기가 수직으로 올라감(고요)
② 3.4~5.4m/s 나뭇잎과 가는 가지가 끊임없이 흔들리고 깃발이 가볍게 날림
③ 5.5~7.9m/s 먼지가 일고 종잇조각이 날리며 작은 가지가 흔들림
④ 32.7m/s 싹슬바람 물결이 높아지고 바다가 출렁임

03 다음 기온변화에 대한 설명 중 옳은 것은?

① 기온의 일일 변화는 밤낮의 기온차와 지구의 자전현상 때문이다.
② 3.4~5.4m/s 왕바람
③ 5.5~7.9m/s 노대바람
④ 32.7m/s 큰바람

04 습도와 착빙에 대한 설명 중 옳은 것은?

① 과냉각수 : 액체 물방울이 섭씨 1,000도 이하의 기온에서 응결되거나 액체상태로 지속되어 남아 있는 물방울을 과냉각수라 한다. 과냉각수가 노출된 표면에 부딪칠 때 충격으로 인하여 결빙될 수 있다
② 기온은 고도가 올라감에 따라 1,000ft(304m)당 평균 1℃씩(6.5℃/km)감소한다. 어느 지역이나 일정하게 기온이 감소하는 것은 아니며 어떤 지역에서는 고도의 상승에 따라 기온이 상승하는 현상이 발생한다.
③ 항공기나 드론의 표면에 형성된 서리는 비행에 아무런 영향이 없다.
④ 날개, 로터 끝에 착빙이 발생하면 날개 표면이 울퉁불퉁하여 날개 주위의 공기 흐름이 흐트러지게 된다. 그 결과 항공기의 항력이 증가하고 양력이 감소되어 엔진이나 안테나의 기능을 저하시켜 항공기 조작에 영향을 미친다.

05 kp지수에 대한 설명 중 틀린 것은?

① 태양폭풍의 영향을 관측해서 표시하는 지수이다.
② kp지수 7 이상이면 원활한 비행이 가능하다.
③ kp지수는 Ready to fly에서 확인 가능하다.
④ kp지수 5 이상일 경우 전력, 위성, 통신장애 등이 발생할 확률이 매우 높다.

정답 53. ② 54. ① **02** 01. ② 02. ④ 03. ① 04. ④ 05. ②

06 기온 역전에 대한 설명 중 옳은 것은?

① 기온은 고도가 올라감에 따라 1,000ft(304m)당 평균 2℃씩 (6.5℃/km) 감소한다. 어느 지역이나 일정하게 기온이 감소하는 것은 아니며 어떤 지역에서는 고도의 상승에 따라 기온이 상승하는 현상이 발생한다.
② 기온은 고도가 올라감에 따라 1,000ft(304m)당 평균 1℃씩 (6.5℃/km) 감소한다. 어느 지역이나 일정하게 기온이 감소하는 것은 아니며 어떤 지역에서는 고도의 상승에 따라 기온이 상승하는 현상이 발생한다.
③ 고도가 올라감에 따라 기온 감소는 없다.
④ 고도가 내려감에 따라 기온은 감소한다.

07 다음 중 고기압에 대한 설명 중 틀린 것은?

① 보통 하강기류가 있으므로 날씨가 맑다. 그러나 소멸 단계의 고기압 또는 고기압 후면에서 하층이 가열되면 대기가 불안정하여 적란운이 발생하고 심하면 소나기, 뇌우를 동반한다.
② 일반적으로 바람은 기압이 높은 곳에서 낮은 곳으로 분다. 이때 고기압은 북반구에서는 시계방향이며 남반구에서는 시계 반대방향으로 회전한다.
③ 풍속은 중심에 가까워질수록 강해진다.
④ 이동성 고기압을 제외하면 대체로 아주 느리게 이동하거나 제자리에 위치한다.

08 다음의 구름 중 수직운에 해당되는 것은?

① 권운
② 난층운
③ 층적운
④ 적란운

09 다음의 설명에 해당하는 전선은?

> 찬 공기와 따뜻한 공기가 세력이 비슷하여 전선이 이동하지 않고 오랫동안 같은 장소에 머무른다. 대표적으로 장마철에 장마전선이 있다.

① 온난전선　　　② 한랭전선
③ 폐색전선　　　④ 정체전선

10 다음 중 바람의 종류와 그에 대한 설명으로 알맞지 않은 것은?

① 곡풍 : 낮에 빛을 많이 흡수한 산비탈은 산꼭대기보다 공기를 더 일찍 가열시켜 바람이 산꼭대기를 향해 분다.
② 산풍 : 밤에 산꼭대기보다 더 빨리 냉각된 산비탈이 공기를 냉각시켜 바람이 산꼭대기에서 산비탈을 향해 분다.
③ 육풍 : 밤에는 육지의 공기가 빨리 식어 기압이 높아지고 바다의 기압이 상대적으로 낮아져서 육지에서 바다 쪽으로 바람이 분다.
④ 스콜 : 낮에는 바다보다 육지의 공기가 빨리 데워져서 기압이 낮아지고 바다의 기압이 상대적으로 높아져서 바다에서 육지로 바람이 분다.

11 안개가 발생하기 적합한 조건이 아닌 것은?

① 대기의 성층이 안정할 것
② 냉각작용이 있을 것
③ 강한 난류가 존재할 것
④ 바람이 없을 것

12. 다음은 무엇에 대한 설명인가?

이 기단은 푄 현상을 만드는 주범이 되는데 영서 지역과 수도권 지역에서는 시원하고 습하기는커녕 도리어 초여름에 폭염을 일으키는 원인이 된다.

① 북태평양 기단   ② 시베리아 기단
③ 오호츠크해 기단   ④ 양쯔강 기단

13. 다음 중 기상의 7대 요소가 아닌 것은?

① 기압   ② 기온
③ 온도   ④ 구름

14. 다음은 무엇에 대한 설명인가?

찬 기단과 따뜻한 기단의 양쪽 세력이 비슷하여 거의 이동하지 않고 일정한 자리에 머물러 있는 전선을 말한다. 여름철 한반도에 걸치는 장마전선이 대표적인 예이다.

① 온난전선   ② 한랭전선
③ 폐색전선   ④ 정체전선

15. 다음은 무엇에 대한 설명인가?

대류권계면에서 약 50km의 대기층 대류권계면에서 35km까지 온도변화가 거의 없고, 대류현상이 거의 없다. 대형 여객기나 군용정찰기의 항로로 이용된다.

① 대류권   ② 성층권
③ 중간권   ④ 열권

16 다음은 무엇에 대한 설명인가?

> 바람이 예상하지 못한 방향으로 예상하지 못한 세기가 바뀌는 현상이기에, 바람을 타고 있을 때 발생하게 되면, 대응하기가 힘든 문제점이 생긴다. 한국어 용어로는 '풍속 수직 비틀림' 또는 '순간돌풍'이라고도 부른다.

① 해풍 ② 돌풍
③ 산풍 ④ 윈드시어

17 주로 봄과 가을에 이동성 고기압과 함께 동진해 와서 따뜻하고 건조한 일기를 나타내는 기단은?

① 오호츠크해 기단 ② 양쯔강 기단
③ 북태평양 기단 ④ 적도 기단

18 기체에 착빙에 대한 설명 중 틀린 것은?

① 양력과 무게를 증가시켜 추진력을 감소시킨다.
② 습도한 공기가 기체 표면에 부딪치면서 결빙이 발생한다.
③ 착빙은 Carburetor, Pitot관 등에도 생긴다.
④ 거친 착빙도 날개의 공기 역학에 영향을 줄 수 있다.

19 대부분의 기상이 발생하는 대기의 층은?

① 대류권 ② 성층권
③ 중간권 ④ 열권

정답 12. ③ 13. ③ 14. ④ 15. ② 16. ④ 17. ② 18. ① 19. ①

20 물방울이 비행장치의 표면에 부딪치면서 표면을 덮은 수막이 천천히 얼어붙고 투명하고 단단한 착빙은 무엇인가?

① 싸락눈 ② 거친 착빙
③ 서리 ④ 맑은 착빙

21 기압 고도계를 장비한 비행기가 일정한 계기 고도를 유지하면서 기압이 낮은 곳에서 높은 곳으로 비행할 때 기압 고도계의 지침의 상태는?

① 실제고도보다 높게 지시한다.
② 실제고도와 일치한다.
③ 실제고도보다 낮게 지시한다.
④ 실제고도보다 높게 지시한 후에 서서히 일치한다.

22 북반구 고기압과 저기압의 회전방향으로 오른 것은?

① 고기압 – 시계방향, 저기압 – 시계방향
② 고기압 – 시계방향, 저기압 반시계빙향
③ 고기압 – 반시계방향, 저기압 – 시계방향
④ 고기압 – 반시계방향, 저기압 – 반시계방향

23 다음의 보기의 내용은 어떤 종류의 안개인가?

> 바람이 없거나 미풍, 맑은 하늘, 상대습도가 높을 때, 낮거나 평평한 지형에서 쉽게 형성된다. 이 같은 안개는 주로 야간 혹은 새벽에 형성 된다.

① 활승안개 ② 이류안개
③ 증기안개 ④ 복사안개

24 섭씨 100℃는 화씨 얼마인가?
① 150°F   ② 180°F
③ 200°F   ④ 212°F

25 해양성 기단으로 매우 습하고 더우며, 주로 7~8월에 태풍과 함께 한반도 상공으로 이동하는 기단은?
① 오호츠크해 기단   ② 양쯔강 기단
③ 북태평양 기단   ④ 적도 기단

26 지상 METAR 보고에서 바람 방향, 즉 풍향의 기준은 무엇인가?
① 자북   ② 진북
③ 도북   ④ 자북과 도북

27 다음 중 강우가 예상되는 구름은?
① CU(적운)   ② St(층운)
③ As(고층운)   ④ Ci(권운)

28 대기권 중 기상 변화가 층으로 상승할수록 온도가 강하되는 층은 다음 어느 것인가?
① 성층권   ② 중간권
③ 열권   ④ 대류권

29 뇌운과 같이 동반하지 않는 것으로 옳은 것은 어느 것인가?
① 하강기류   ② 우박
③ 안개   ④ 번개

정답 20. ④ 21. ③ 22. ② 23. ④ 24. ④ 25. ④ 26. ② 27. ① 28. ④ 29. ③

30 바람이 생성되는 근본적인 원인으로 적당한 것은?
① 지구의 자전
② 태양의 복사에너지의 불균형
③ 구름의 흐름
④ 대류와 이류 현상

31 태양의 복사에너지의 불균형으로 발생하는 것은 어느 것인가?
① 바람 ② 안개
③ 구름 ④ 태풍

32 기압 고도(Pressure altitude)란 무엇을 말하는가?
① 항공기와 지표면의 실측 높이이며 AGL 단위를 사용한다(절대고도).
② 고도계 수정치를 표준대기압(29.92inHg)에 맞춘 상태에서 고도계가 지시하는 고도(기압고도)
③ 기압고도에서 비표준온도와 기압을 수정해서 얻은 고도이다(밀도고도).
④ 고도계를 해당지역이나 인근 공항의 고도계 수정치 값에 수정했을 때 고도계가 지시하는 고도(지시고도)

33 지면과 해수면의 가열 정도와 속도가 달라 바람이 형성된다. 주간에는 해수면에서 육지로 바람이 불며 야간에는 육지에서 해수면으로 부는 바람은?
① 해풍 ② 계절풍
③ 해륙풍 ④ 국지풍

해륙풍은 지면과 해수면의 가열 정도와 속도가 달라 바람이 형성된다. 낮에는 해수면에서 육지로 해풍, 밤에는 육지에서 해수면으로 육풍이 분다.

34 불안정한 공기가 존재하며 수직으로 발달한 구름이 아닌 것은?

① 권층운 ② 권적운
③ 고적운 ④ 층적운

불안정한 공기에 의한 수직 발달 구름은 적운, 난적운, 층적운으로 적운형 구름에 해당됨

35 바람을 느끼고 나뭇잎이 흔들리기 시작할 때의 풍속은 어느 정도인가?

① 0.3~1.5m/s ② 1.6~3.3m/s
③ 3.4~5.4m/s ④ 5.5~7.9m/s

36 다음 중 하층운으로 분류되는 구름은?

① St(층운) ② Cu(적운)
③ As(고층운) ④ Ci(권운)

하층운(층운, 층적운), 중층운(고층운, 고적운), 상층운(권층운, 권적운)

37 태풍의 발생 지역 별 호칭 중 틀린 것은?

① 극동지역 : TYPHOON(태풍)
② 인도양지역 : CYCLONE(싸이클론)
③ 북미지역 : HURRICANE(허리케인)
④ 필리핀 : WILLY WILLY

상식선에서 기억해 두면 좋다. 필리핀은 극동지역으로 TYPHOON(태풍)이다.

정답 30. ② 31. ① 32. ② 33. ③ 34. ① 35. ② 36. ① 37. ④

예상문제 (항공기상)

38 해양의 특성인 많은 습기를 함유하고 비교적 찬 공기 특성을 지니고 늦봄, 초여름에 높새바람과 장마전선을 동반한 기단은?

① 오호츠크해 기단 ② 양쯔강 기단
③ 북태평양 기단 ④ 적도 기단

39 다음은 안개에 관한 설명이다. 틀린 것은?

① 공중에 떠돌아다니는 작은 물방울의 집단으로 지표면 가까이에서 발생한다.
② 수평가시거리가 3km 이하가 되었을 때 안개라고 한다.
③ 공기가 냉각되고 포화상태에 도달하고 응결하기 위한 핵이 필요하다.
④ 적당한 바람이 있으면 높은 층으로 발달한다.

수평가시거리가 1km 이하가 되었을 때 안개라고 한다.

03 비행이론 및 운용

01 정류자가 직접 접촉하기 때문에 수명이 짧고 발열이 많은 단점을 해결하기 위해 개발된 모터로 인터러너 타입과 아웃러너 타입이 있는 모터는?

① 스테퍼 모터
② 브러시 모터
③ 아두이노 모터
④ 브러시 리스 모터

> BLDC모터의 회전자는 영구자석, 고정자는 코일(전자석)이다. 코일은 마주보고 있는 코일들끼리 함께 전류가 통한다. 마주보고 있는 코일끼리는 전류가 같은 방향으로 흐르면서 N, S극을 만들어낸다. 이때 회전자의 N, S극이 고정자에 의해 끌려오게 되고, 옆에서는 고정자가 반대 방향의 자기장을 만들어주어 회전자를 밀어낸다. 코일 간 서로 연결이 되어있기 때문에 한 코일에만 전류를 흘려주면 전류를 더 효율적으로 흐르게 만들 수 있다. 결국 3상 AC모터와 다른 점이 없어서 3개의 선중 2개만 바꾸어도 회전 방향이 바뀐다. 그렇기 때문에 이런 전류를 제어해줄 전자 변속기(ESC)가 필요하다. 보통 드론용으로 많이 사용되며 그 외에도 선풍기, 헤어드라이기 등 다양하게 쓰이고 있다.

02 회전익 드론의 프로펠러와 관련이 가장 깊은 운동 법칙은?

① 뉴턴의 운동 제1법칙
② 뉴턴의 운동 제2법칙
③ 뉴턴의 운동 제3법칙
④ 뉴턴의 운동 제4법칙

03 회전익 드론이 날기 위해 주로 이용하는 힘은?

① 양력
② 추력
③ 중력
④ 항력

정답 38. ① 39. ② 03 01. ④ 02. ③ 03. ②

04 자이로스코프와 같이 물체의 기본 틀이 기울어져도 바른 상태로 유지해 주는 장치로 일종의 지지대는 무엇인가?

① Gimbal ② Controller Board
③ IMU   ④ ESC

05 유체의 이동 속도가 빠른 곳은 압력이 낮고 느린 곳은 압력이 높다는 법칙을 발표한 사람은?

① 뉴턴   ② 베르누이
③ 파울리   ④ 리처드 파인만

06 헬리콥터의 테일 로터가 하는 일은?

① 동체가 회전하게 된다.
② 공기를 밀어내고 회전한다.
③ 수직 비행에 필요한 양력을 발생시킨다.
④ 토크의 힘을 상쇄시키기 위한 반토크를 생성한다.

07 드론 조종자가 습득해야 하는 기본적인 기능으로 기체를 일정한 높이로 비행하는 것으로 이것이 가능해야만 기체를 제어할 수 있는 조종 능력이 생기는 것은?

① 하이브리드 컨트롤
② Altitude 모드
③ GPS 모드
④ 호버링

08 드론의 이동방향을 말하는 것으로 "경로"라는 뜻을 가지고 있는 것은?

① Path   ② Road
③ Channel ④ Route

09 비행 중 긴급 상황이 발생할 수 있고, 고가의 측량, 촬영, 원격 탐사용 기체를 사고 없이 잘 다루기 위해 익숙해져야 하는 조종 모드는?

① Manual 조종 모드
② Altitude 모드
③ GPS 모드
④ Handless 모드

10 드론의 구성 부품으로 회전력 측정, 회전하는 물체의 각속도 측정, 드론의 현재 자세를 계산하여 균형을 잡을 수 있도록 하는 부품은?

① 자이로스코프
② Controller Board
③ IMU
④ ESC

11 국방부에서 항공촬영 허가를 받은 후 비행승인 필요여부에 대해서 바르게 설명한 것은?

① 촬영허가는 비행승인은 포함하므로 비행승인을 받지 않아도 된다.
② 촬영허가는 비행승인과는 별개이다.
③ 촬영허가와 비행승인은 같은 기관에서 실시한다.
④ 비행승인을 받으면 촬영허가의 효과가 있다.

12 다음 중 드론의 비행을 방해해 추락이나 사고를 유발하는 요소로 묶인 것은?

① 고속도로 – 해안 – 높은 산
② 고압선 – 잼머 – 새
③ 해안 – 고압선 – 나무
④ 고속도로 – 새 – 안개

정답 04. ① 05. ② 06. ④ 07. ④ 08. ③ 09. ① 10. ① 11. ② 12. ②

13. 고정익 헬리콥터가 정지비행을 하기 위한 조건으로 알맞은 것은?
   ① 양력+추력=항력+무게
   ② 무게+추력=항력+양력
   ③ 추력+무게=양력+항력
   ④ 항력+양력=무게+추력

14. 축전지가 사용할 수 있는 용량의 한계를 기억하는 것과 같은 현상은?
   ① 형상 효과
   ② 메모리 효과
   ③ 한계 효과
   ④ 최저 효과

15. 드론 조종기의 용어 중 짝이 서로 맞게 짝지어진 것은?
   ① 스로틀(Throttle)-요우(Yaw)-피치(Pitch)-롤(Roll)
   ② 스로틀(Throttle)-요우(Yaw)-엘리베이터(Elevator)-롤(Roll)
   ③ 스로틀(Throttle)-러더(Rudder)-피치(Pitch)-롤(Roll)
   ④ 에일러론(Aileron)-요우(Yaw)-피치(Pitch)-롤(Roll)

16. 드론의 기술 중 안전한 비행과 임무 수행을 위해 다른 비행체나 물체 등의 위험 요소를 탐지하고 충돌을 회피하는 기술은?
   ① 항공 무인이동 시스템 통신
   ② 항공 무인이동 시스템 센서 기술
   ③ 항공 무인 이동체 제어 및 탐지/회피 기술
   ④ 항공 무인이동 시스템 S/W 및 응용 기술

17. 드론에 사용되는 배터리로 매우 높은 에너지 밀도를 가지고 있어 고밀도의 전력을 필요로 하는 제품에 적당한데 가격이 비싸다는 단점이 있고 크기에 비하여 많은 저장 용량과 방전율을 가지고 있어 최근 가장 각광을 받고 있는 배터리는?

① 알카라인 전지
② 납축 전지
③ 니켈 카드뮴
④ 리튬 이온/리튬 폴리머 전지

18. 무인 항공기 구동 형태에 따른 분류로 수직 이착륙 및 정점 체공이 요구될 경우 가장 적합하고 비행 효율, 속도, 항속거리 등에 있어 불리한 무인 항공기는?

① 고정익 무인기　　② 회전익 무인기
③ 헬리콥터　　　　④ 혼합형 무인기

19. 추력 및 양력 발생 장치가 분리되어 전진 방향으로 가속을 얻으면 고정된 날개에서 양력을 발생하여 비행체는?

① 헬리콥터
② 쿼드콥터
③ 무인 비행선
④ 자이로 플레인

20. 지구 위에서 내 위치를 정확하게 알아내려면 수많은 위성 중에서 네 개의 위성으로부터 전파를 받아 계산을 한 후 위치를 수신기에 표시해 주는 것을 무엇이라고 하는가?

① IMU　　　　　② GPS
③ BLDC　　　　④ 러더

정답　13. ①　14. ②　15. ①　16. ③　17. ④　18. ②　19. ①　20. ②

21 최근 드론 조종기에 주로 사용하는 신호는?

① 아날로그　　　② AM
③ FM　　　　　④ PCM

22 테일 로터를 메인 로터만큼 크게 만든 쌍발기는?

① 치누크　　　　② 듀얼콥터
③ 옥토콥터　　　④ 쿼드콥터

23 드론에 작용하는 4가지 힘이 바르게 연결된 것은?

① 양력 – 추력 – 인력 – 중력
② 양력 – 추력 – 항력 – 중력
③ 양력 – 추력 – 탄성력 – 중력
④ 양력 – 추력 – 회전력 – 중력

24 드론이라는 단어가 처음으로 등장하게 한 무인 비행체는?

① 에어리얼 타깃(Aerial Target)
② 스카우트(Scout)
③ 퀸비(Queen Bee)
④ 파이오니어(Pioneer)

25 1903년 12월 17일에 플라이어(Le Flyer) 1호로 역사적인 첫 동력비행에 성공한 사람은 누구인가?

① 뉴턴　　　　　② 패튼
③ 골든　　　　　④ 라이트형제

26 드론의 특징 중 이륙을 위해서 충분한 양력을 받아야 하기 때문에 육상에서 충분한 거리를 달려야 한다. 따라서 충분한 활주로를 확보할 수 없을 경우에 새총과 같은 발사대를 이용해야 하는 드론은?

① 고정익 무인기 ② 회전익 무인기
③ 헬리콥터 ④ 혼합형 무인기

27 회전익 드론의 분류 중 회전익 장치가 8개인 드론은?

① 트라이콥터 ② 헥사콥터
③ 옥타콥터 ④ 데카콥터

28 드론을 날릴 때 잘못된 것은?

① 드론이 시야에서 벗어나지 않도록 한다.
② 드론에 카메라가 부착이 되어 있어 사생활 침해에 주의한다.
③ 드론이 시야에서 사라졌을 때는 '버튼 홈(오토 리턴)' 기능을 믿는다.
④ 군사시설이나 인구밀집 지역에서는 비행이 금지라는 것을 인식한다.

29 드론의 배터리를 잘못 사용하는 경우는?

① 출력을 무리하게 끌어 쓰지 않는다.
② 배터리가 완전히 충전된 상태로 보관한다.
③ 자동차 트렁크에 배터리를 보관하지 않는다.
④ 직사광선을 피해서 서늘한 곳에 보관해야 한다.

30 4차 산업혁명의 주요산업이 아닌 것은?

① 무인이동체 ② 바이오
③ VR ④ 인공지능

정답 21. ④ 22. ① 23. ② 24. ③ 25. ④ 26. ① 27. ③ 28. ③ 29. ② 30. ③

31 ( ) 괄호 안에 알맞은 낱말을 고르시오.

> 드론을 조립, 수리, 정비할 때 확인해야 하는 것이다. 사용자들이 자주하는 실수 중의 하나인데 프로펠러 ( )을 꼭 확인해야 한다. 착각을 하게 되면 드론이 날지 않는다.

① 온도　　　　　　② 강도
③ 조도　　　　　　④ 방향

32 헬리콥터가 올라가는 최대 고도는?

① 1,000m　　　　② 2,000m
③ 3,000m　　　　④ 4,000m

33 경찰드론 분야 중에 제일 먼저 필요한 직무는?

① 교통분야
② 군사분야
③ 테러분야
④ 실종자 수색분야

34 드론비행 여부를 확인할 수 있는 스마트폰 어플은?

① Ready to fly　　② Safe Flight
③ 드론비행지역　　④ Fly safety

35 무인비행장치 주파수에서 주로 사용하는 주파수 대역은?

① 2.4Ghz는 제어용 5.8Ghz 대역은 영상전송용
② 2.4Ghz는 영상전송용 5.8Ghz 대역은 제어용
③ 2.8Ghz는 제어용 5.4Ghz 대역은 영상전송용
④ 3.4Ghz는 영상전송용 2.8Ghz 대역은 제어용

36 공중에 비행하는 항공기는 4가지의 힘을 받는데, 이에 대한 설명 중 옳은 것은?

① 양력, 중력, 항력, 추력
② 중력은 비행기가 뜨는 힘
③ 양력은 지구가 당기는 힘
④ 추력은 저항하는 힘

37 비행원리의 설명 중 옳은 것은?

① 베르누이의 법칙(유체 공기나 물처럼 흐를 수 있는 기체나 액체의 이동 속도가 빠른 곳은 압력이 낮고 느린 곳은 압력이 높다는 법칙이다.)
② 뉴턴의 법칙(가속도의 법칙, 옴의 법칙)
③ 베르누이의 법칙(가속도의 법칙, 옴의 법칙)
④ 뉴턴의 법칙(유체 공기나 물처럼 흐를 수 있는 기체나 액체의 이동 속도가 빠른 곳은 압력이 낮고 느린 곳은 압력이 높다는 법칙이다.)

38 뉴턴의 운동 법칙 중 틀린 것은?

① 관성의 법칙 ② 작용·반작용의 법칙
③ 가속도의 법칙 ④ 옴의 법칙

39 드론의 구조에 대한 설명 중 옳은 것은?

① 드론은 기본 구성은 FC, ESC, PDB, MOTOR, 컨트롤 리시버, 프로펠러 등이다.
② 드론은 기본 구성은 FC, ESC, 짐벌, 프로펠러이다.
③ 드론은 기본 구성은 FC, ESC, 모터, 프로펠러이다.
④ 드론은 기본 구성은 쿼드콥터, FC, ESC, 모터, 프로펠러이다.

정답 31. ④ 32. ③ 33. ④ 34. ① 35. ① 36. ① 37. ① 38. ④ 39. ①

40 멀티콥터의 작용과 반작용의 원리에 대한 설명 중 틀린 것은?

① 고정된 모터가 시계방향으로 로터를 회전시킬 경우 이 모터축에는 반시계방향의 반작용이 작용한다. 이 반작용은 모터를 고정하고 있는 암에 전달되어 모터를 중심으로 반시계방향으로 힘이 발생하게 한다.
② 암의 양 끝에 모터와 프로펠러를 장착하고 두 모터와 프로펠러를 똑같이 시계방향으로 회전시키면 프로펠러 회전에 따른 반작용이 모터축에 작용하고, 이 반작용에 의한 힘은 두 암이 만나는 중앙에서 서로 반대방향으로 작용하는 힘으로 만나게 되어 서로 상쇄된다.
③ 반대방향으로 회전시키면 역시 같은 원리로 두 반작용에 의한 힘은 암의 가운데에서 만나 상쇄되지 않는다.
④ X모양으로 교차시켜 놓으면, X자 중심에서 역시 반작용들이 상쇄된다. 즉, 프로펠러들이 양력을 발생시켜도, 동체 전체는 반작용이 없이 안정되게 양력만을 발생시킬 수 있게 된다. 따라서 전체 동력을 프로펠러가 동일한 속도를 갖게 하면서 증가시키면 상승하게 되고, 줄이면 하강하게 된다.

41 드론 조종 방식 모드에 대한 설명 중 틀린 것은?

① 수동(Manual) 조종 방식 모드 : 사용자가 비행을 위한 모든 상황을 조종해야 하는 비행모드이다. 저가 및 연습용 드론은 이 비행 조종 모드만을 가지고 있는 경우가 많다.
② 고도 유지(Altitude) 모드 : 고도를 유지시켜 주는 모드로서, 사용자가 조종하지 않아도 일정 고도를 자동으로 유지시켜 준다.
③ 자동(GPS) 모드 : GPS를 통해 드론의 고도와 위치를 지정할 수 있는 모드로서 조종이 매우 용이한 모드이다.
④ 리턴 투 홈(RTH) 모드 : 비행 중 기체와 조종기 사이에 무선 전파 연결이 끊기면 자동으로 홈 복귀를 수행할 수 있는 모드이다.

42 항공 촬영 전 준비사항에 대한 설명 중 틀린 것은?
① 기체와 조종기 배터리 충전상태 확인은 비행 직전에 확인한다.
② 저장 메모리 확인, 태블릿 PC 또는 모바일 장치 충전상태 확인
③ 프로펠러 훼손 상태 확인(프로펠러의 한쪽이 휘어졌거나 깨졌거나)
④ 프로펠러의 장착 위치와 방향을 혼동하지 말고 정확하게 핸드 토크로 장착(검정색과 은색 프로펠러로 구분)

43 다음 중 양력의 성질을 설명한 것 중 맞는 것은?
① 공기밀도, 양력계수, 날개의 면적에 반비례한다.
② 양력은 합력 상대풍에 수직으로 작용하는 항공역학적인 힘이다.
③ 양력의 양은 조종사가 모두 조절할 수 있다.
④ 속도의 제곱에 반비례한다.

44 멀티콥터의 내부 구성품 중 모터의 회전수를 조절하는 기능을 하는 것은?
① 자이로센서   ② IMU
③ ESC   ④ GPS

45 다음 중 멀터콥터 중 쿼드콥터가 후진 시 모터의 작동 설명으로 맞는 것은?
① 왼쪽 두 개의 모터는 빠르게, 오른쪽 두 개의 모터는 느리게 회전한다.
② 오른쪽 두 개의 모터는 빠르게, 왼쪽 두 개의 모터는 느리게 회전한다.
③ 앞쪽 두 개의 모터는 느리게, 뒤쪽 두 개의 모터는 빠르게 회전한다.
④ 앞쪽 두 개의 모터는 빠르게, 뒤쪽 두 개의 모터는 느리게 회전한다.

정답 40. ③ 41. ④ 42. ① 43. ② 44. ③ 45. ④

46 로터 회전면과 날개의 시위선이 이루는 각도를 무엇이라 하는가?

① 후퇴각
② 붙임각
③ 상반각
④ 올림각

> 멀티콥터 피드백 제어
> ㉠ 날개의 익현선과 로터회전면이 이루는 각을 말한다.
> ㉡ 공기 역학적인 반응에 의해 형성되는 각이 아니라 기계적인 각이라 할 수 있으며 통상 블레이드 피치각이라고도 한다.

47 다음 중 세로안정성과 관계있는 운동은?

① 롤링
② 피칭
③ 요잉
④ 롤링과 요잉

48 다음 중 멀티콥터의 이·착륙을 하기 위하여 어떤 조종장치를 사용해야 하는가?

① 스로틀
② 러더
③ 엘리베이터
④ 에일러론

> - 피치(Pitch) : 엘리베이터(Elevator) 위로 올리면 전진, 아래로 내리면 후진 (수평기준 전, 후를 담당)
> - 요(Yaw) : 러더(Rudder) 좌로 조작하면 좌회전, 우로 조작하면 우회전 (기체 좌, 우 회전을 담당)
> - 버티컬(Vertical) : 스로틀(Throttle) 위로 올리면 상승, 아래로 내리면 하강 (수직기준 상승, 하강을 담당)
> - 롤(Roll) : 에일러론(Aileron) 좌로, 우로 이동합니다. (수평기준 좌, 우를 담당)

49 다음 중 기초비행이론의 특성으로 알맞지 않은 것은?
① 동압은 유체의 밀도와 비례한다.
② 동압은 부딪히는 면적에 비례한다.
③ 유체속도가 빠르면 정압은 낮아진다.
④ 공기밀도는 온도가 높아지면 증가하고 압력이 내려가면 감소한다.

50 다음 중 회전익 비행장치의 속도가 증가하면서 감소하는 항력은?
① 유도항력   ② 형상항력
③ 유해항력   ④ 총항력

51 FC에서 드론의 제어에 대한 아무런 도움을 주지 않는 모드는?
① Acro 모드   ② Auto 모드
③ Loiter 모드   ④ Stabilize 모드

52 신호에 의해 정해진 각도만큼 회전동작을 하는 모터의 일종으로 주로 날개 제어와 짐벌제어에 사용하는 것은?
① 러더(YAW)   ② 서보
③ 스로틀   ④ 텔레메트리

53 무인비행기, 무인헬리콥터 또는 무인멀티콥터 중에서 연료의 중량을 제외한 자체 중량이 (   )kg 이하는 자격증을 필요로 하지 않는다. (   ) 안에 들어갈 중량은?
① 2kg   ② 7kg
③ 0.25kg   ④ 25kg

정답 46. ② 47. ② 48. ① 49. ④ 50. ① 51. ① 52. ② 53. ③

54 다음 중 배터리의 관리 및 점검 사항으로 알맞지 않은 것은?

① 과충전 혹은 과방전을 하지 않는다.
② 셀당 전압을 일정하게 유지해야 한다.
③ 배터리 보관 적정온도는 22~28℃이다.
④ 배터리가 부풀거나 사용이 불가하여 폐기할 때는 알코올에 하루 동안 담궈 놓아 방전시킨 뒤 폐기해야 한다.

55 다음 중 드론 회전면에 따른 기체의 움직임으로 알맞지 않은 것은?

① 전진비행 : 앞쪽의 모터는 느려지고 뒤쪽의 모터는 빨라진다.
② 좌측비행 : 우측의 모터가 빨라지고 좌측의 모터는 느려진다.
③ 우측회전 : 시계방향 모터는 빨라지고 반시계반향 모터는 느려진다.
④ 하강 : 모터 전체의 속도가 느려진다.

56 다음 중 항공기에 작용하는 4가지 힘이 아닌 것은?

① 양력 : 공기의 흐름을 이용하여 상승하는 힘
② 중력 : 지구 중심으로 작용하는 힘
③ 추력 : 기체의 이동방향으로 작용하는 힘
④ 항력 : 기체 이동방향의 순방향으로 작용하는 힘

57 무인 헬리콥터 선회 비행 시 발생하는 슬립과 스키드에 대한 설명 중 가장 적절한 것은?

① 스립은 헬리콥터 선회 시 기수가 올라가는 현상을 의미한다.
② 스립과 스키드는 모두 꼬리 회전날개 반토크가 적절치 못해 발생한다.
③ 스키드는 헬리콥터 선회 시 기수가 내려가는 현상을 의미한다.
④ 스립과 스키드는 헬리콥터 선회 시 기수가 선회 중심 방향으로 돌아가는 현상을 의미한다.

58 다음은 무엇에 대한 설명인가?

> 날개골이라고도 한다. 유선형의 형상을 갖고 있는 익형은, 유체 내에서 운동하면서 공력을 발생시키기 때문에 비행기의 날개뿐만 아니라 헬리콥터의 회전날개(Rotor Blades)의 단면이나 프로펠러의 단면 등 다양하게 활용되고 있다.

① 받은각
② 에어포일
③ 에어포스
④ 후류

59 다음 중 항력의 종류와 설명이 일치하지 않는 것은?

① 형상항력 : 날개 앞 모양에 따른 항력
② 마찰항력 : 표면의 마찰력에 따른 항력
③ 유도항력 : 양력의 영향으로 생기는 항력
④ 조파항력 : 공기의 압축성 충격파에 의한 항력

60 다음 연료 여과기에 대한 설명 중 가장 타당한 것은?

① 연료 탱크 안에 고여 있는 물이나 침전물을 외부로부터 빼내는 역할을 한다.
② 외부 공기를 기화된 연료와 혼합하여 실린더 입구로 공급한다.
③ 엔진 사용 전에 흡입구에 연료를 공급한다.
④ 연료가 엔진에 도달하기 전에 연료의 습기나 이물질을 제거한다.

61 다음 중 무인 회전익 비행장치에 사용되는 엔진으로 가장 부적합한 것은?

① 왕복 엔진
② 로터리 엔진
③ 터보팬 엔진
④ 가솔린 엔진

정답 54. ④ 55. ③ 56. ④ 57. ② 58. ② 59. ② 60. ④ 61. ③

62 다음의 설명에 해당하는 것은?

> 동력용 엔진의 배기구에 결합되며 엔진의 열의 발열을 감소시키는 역할도 한다. 비행 직후에는 많은 열을 발생시켜 주의가 필요하다.

① 메인 블레이드
② 테일 블레이드
③ 연료 탱크
④ 머플러

63 다음 무인 헬리콥터에 작용하는 힘을 바르게 짝지은 것은?
① 양력 – 추력 – 합력 – 항력 – 무게
② 합력 – 추력 – 양력 – 항력 – 무게
③ 양력 – 합력 – 추력 – 무게 – 항력
④ 합력 – 양력 – 항력 – 추력 – 무게

멀티콥터는 2가지의 기본 원리(양력, 회전력)를 사용하여 비행한다. 헬리콥터의 경우 하나의 로터(메인 로터)가 동력장치의 회전력을 받아 회전하면서 양력을 발생시켜 상승한다. 뉴턴의 운동 제3법칙 '작용과 반작용의 원리'를 헬리콥터에서 볼 수 있는데 프로펠러가 회전하면 기체는 프로펠러가 회전하는 반대 방향으로 돌아가는 힘을 받는다. 따라서 단일로터 기체는 기체의 회전을 막기 위해 작은로터(테일로터)를 기체의 꼬리 부분에 만들어, 메인로터에 의해 생기는 회전력을 상쇄시켜야 한다.

비행기는 가로, 세로, 수직의 3가지 운동축을 가진다. 이 세 축을 중심으로 비행기는 롤링(rolling), 피칭(pitching), 요잉(yawing)의 회전운동을 한다. 비행기의 동체가 x축을 중심으로 회전하는 것을 롤링, y축을 중심으로 회전하는 것을 피칭, z축을 중심으로 회전하는 것을 요잉이라고 한다. 즉, 비행방향을 중심축으로 회전하는 것이 롤링(횡전), 상승 또는 하강을 위해 기수를 치켜들거나 내리는 것이 피칭, 선회를 위해 좌우 지향점을 바꾸는 것이 요잉이다. 롤링, 피칭, 요잉은 항공기의 3대 기본운동이다.

64 다음 지문에서 설명하는 헬기의 구성 부품의 명칭은 어느 것인가?

> 회전하고 있는 메인로터 블레이드에 사이클릭 컨트롤을 위한 중요한 장치. 보통 고정측과 회전측의 두 가지 요소로 구성되며, 고정측의 경사를 회전측으로 전달하도록 되어 있다. 중앙부는 자유로이 기울도록 원형의 베어링(스페리컬 베어링)으로 지탱한다.

① 자이로(Gyro)
② 메인 로터(Main Rotor)
③ 센터 허브(Center Hub)
④ 스와시 플레이트(Swash Plate)

65 비행 후 기체 점검사항 중 옳지 않은 것은?

① 동력계통 부위의 볼트 조임 상태 등을 점검하고 조치한다.
② 메인 블레이드, 테일 블레이드의 결합상태, 파손 등을 점검한다.
③ 남은 연료가 있을 경우 호버링 비행하여 모두 소모시킨다.
④ 송수신기의 배터리 잔량을 확인하고 부족 시 충전한다.

66 무인 헬리콥터의 메인 로터와 테일 로터의 회전비는?

① 1 : 1
② 1 : 3
③ 1 : 5
④ 1 : 7

67 회전익 비행장치가 호버링 상태로부터 전진비행으로 바뀌는 과도적인 상태는?

① 횡단류 효과
② 전이 비행
③ 자동 회전
④ 지면 효과

정답 62. ④ 63. ② 64. ④ 65. ③ 66. ③ 67. ②

68 리튬 폴리머 배터리 보관 시 주의사항이 아닌 것은?

① 더운 날씨에 차량에 배터리를 보관하지 말 것, 적합한 보관 장소의 온도는 22~28도이다.
② 배터리를 낙하, 충격, 파손 또는 인위적으로 합선시키지 말 것
③ 손상된 배터리나 전력 수준이 50% 이상인 상태에서 배송하지 말 것
④ 추운 겨울에는 화로나 전열기 등 열원 주변처럼 뜨거운 장소에 보관할 것

69 리튬 폴리머 배터리 취급/보관 방법으로 부적절한 설명은?

① 배터리가 부풀거나, 누유 또는 손상된 상태일 경우에는 수리하여 사용한다.
② 빗속이나 습기가 많은 장소에 보관하지 말 것
③ 정격 용량 및 장비별 지정된 정품 배터리를 사용하여야 한다.
④ 배터리는 －10~40도의 온도 범위에서 사용한다.

70 회전익 비행장치의 등속도 수평 비행을 하고 있을 때 작용하는 힘으로 맞는 조건은?

① 추력＝항력, 양력＝무게
② 추력＝양력＋항력
③ 추력＝양력＋항력＋중력
④ 추력＝양력＋중력

71 중심의 위치가 바뀌지 않는 것은?

① 압력중심　　　　② 공력중심
③ 무게중심　　　　④ 평균공력시위

72 회전익 비행장치의 추락 시 대처 요령으로 적당한 것은?

① 떨어지는 관성력을 이용하여 스로틀을 올려 피해를 최소화한다.
② 추락 시 에일러론을 조작하여 기체 중심을 잡아 준다.
③ 추락 시 엘리베이터를 조작하여 기체를 조종자 가까운 곳으로 이동시킨다.
④ 추락 시 조종이 힘들다고 생각되면 조종기 전원을 빠른 시간에 꺼 준다.

73 움직이고 있는 기체가 뒤에서 밀어 주는 구간의 힘의 영향으로 속도가 상승할 때 발생하는 힘은?

① 속도
② 가속도
③ 추진력
④ 원심력

74 헬기의 피치각에 대한 설명 중 틀린 것은?

① 테일 로터의 피치각은 변화시킬 수 없다.
② 메인 로터의 피치각은 필요에 따라 변화시킬 수 있다.
③ 테일 로터의 피치각은 변화시킬 수 있다.
④ 메인 로터의 피치각은 이륙과 상승 때 다르다.

75 헬기 추락 시 취해야 할 것 중 옳은 것은?

① 콜렉티브 피치를 올려 추락 속도를 늦춰 피해를 최소화한다.
② 사이클릭 피치를 좌우로 움직여 방향 안전성을 확보한다.
③ 테일 로터의 추력을 올려 횡방향의 안전성을 확보한다.
④ 메인 로터의 피치각을 작게 하여 양력을 최대한 크게 한다.

정답 68. ④ 69. ① 70. ① 71. ② 72. ① 73. ② 74. ① 75. ①

76. 현재 잘 사용하지 않는 배터리의 종류는 어느 것인가?

① Li-Po
② Li-Ch
③ Ni-MH
④ Ni-Cd

- 1차 전지
  - 한 번 사용하고 버리는 전지
- 2차 전지
  - 화학 에너지를 전기 에너지로 바꿔 여러 번 충전하여 사용할 수 있는 전지
  - 납 축전지, 니켈 카드뮴(Ni-Cd) 전지, 니켈 수소(Ni-MH) 전지, 리튬 이온 전지, 리튬 폴리머 전지 등
- 납 축전지
  - 납(Pb)과 황산을 사용한 2차 전지
  - 주로 자동차용 배터리로 많이 사용
- 니켈 카드뮴(Ni-Cd) 전지
  - 니켈과 카드뮴을 사용한 2차 전지, 기전압 1.2V
  - 전압은 1.2V로 낮으나 저항이 작아서 큰 전류를 필요로 하는 제품에 쓰임
  - 전지 자체로 메모리 효과가 있어서 충분히 방전하지 않고 충전을 반복하면 전체 용량이 떨어짐
- 니켈 수소(Ni-MH) 전지
  - 니켈과 수소흡장합금을 사용한 2차 전지, 기전압 1.2V
  - 니켈 카드뮴 전지보다 무게가 가볍고 같은 용적에 30% 더 큰 용량을 저장할 수 있음
  - 메모리 효과가 없어서 수시로 충전해도 무방

77. 무인 회전익의 전진 비행 시 힘의 형식에 맞는 것은?

① 추력 > 항력
② 무게 < 양력
③ 양력 > 추력
④ 항력 < 양력

78. 블레이드 종횡비의 비율이 커지면 나타나는 현상이 아닌 것은 무엇인가?

① 유해항력이 증가한다.
② 활공성능이 좋아진다.
③ 유도항력이 감소한다.
④ 양항비가 작아진다.

79 인력 활공기의 표준기준의 무게는 어느 것인가?
① 70kg 이하　　② 115kg 이하
③ 150kg 이하　　④ 225kg 이하

80 이륙거리를 짧게 하는 방법으로 적당하지 않은 것은?
① 추력을 크게 한다.
② 비행기 무게를 작게 한다.
③ 배풍으로 이륙을 한다.
④ 고양력 장치를 사용한다.

81 착륙거리를 짧게 하는 방법으로 적당하지 않은 것은?
① 착륙중량을 작게 한다.
② 정풍으로 착륙한다.
③ 착륙 마찰계수가 커야 한다.
④ 접지속도를 크게 한다.

82 헬기 비행 시 엔진이 꺼졌을 때 조치사항으로 적당한 것은?
① 사이클릭 피치를 좌우로 이동하여 방향 안전성을 확보한다.
② 횡방향 안전성 확보와 몸체의 회전방지를 위해 테일 로터의 추력을 가한다.
③ 메인 로터의 피치각을 작게 해 주어 양력을 최대한 끌어낸다.
④ 미션과 주회전익을 분리하여 메인 로터의 관성을 이용하여 충격을 최소화한다.

정답　76. ②　77. ①　78. ④　79. ①　80. ③　81. ④　82. ④

83

관의 직경이 일정하지 않은 관을 통과하는 유체(공기)의 속도, 동압, 정압의 관계를 설명한 것이다. 바르게 설명한 것은 무엇인가?

① 직경이 작은 부분의 공기 흐름의 속도가 빨라지고 동압은 커지고 정압은 작아진다.
② 직경이 넓은 부분의 공기 흐름의 속도는 빨라지고 동압은 커지고 정압은 작아진다.
③ 관의 직경과 관계없이 흐름의 속도가 같고 동압과 정압의 변화는 일정하다.
④ 직경이 작은 부분의 공기 흐름의 속도가 느려지고 동압은 커지고 정압은 작아진다.

베루누이 정리와 벤츄리관 효과. 속도는 동압에 비례하고 정압에 반비례한다.
전체 압력=동압+정압, 속도=전체 압력-정압=(동압+정압)-정압

84

비행기에 작용하는 4가지 힘으로 맞는 것은 어느 것인가?

① 추력(Thrust), 양력(Lift), 항력(Drag), 중력(Weight)
② 추력(Thrust), 양력(Lift), 중력(Weight), 하중(Load)
③ 추력(Thrust), 모멘트(Moment), 항력(Drag), 중력(Weight)
④ 비틀림력(Torque), 양력(Lift), 항력(Drag), 중력(Weight)

85

초경량비행장치 범위에 속하는 동력비행장치가 아닌 것은?

① 탑승자. 연료 및 비상용 장비의 중량을 제외한 당해 장치의 자체중량이 좌석에 1인 경우 150kg, 좌석이 2인 경우 225kg 이하일 것
② 당해 장치의 연료용량이 좌석에 1인 경우 19리터, 좌석이 2인 경우 38리터 이상일 것
③ 프로펠러에서 추진력을 얻는 것일 것
④ 차륜, 스키드 또는 후르트 등의 착륙장치가 장착된 동력 비행장치 일 것

86. 다음 중 회전익기의 부양에 관련 없는 것은?

① Vortex
② 블레이드 양력
③ 모멘텀
④ 꼬리날개

87. 날개에서 양력이 발생하는 원리의 기초가 되는 베르누이 정리에 대한 설명이다. 틀린 것은?

① 전압(Pt) = 동압(O) + 정압(P)
② 흐름의 속도가 빨라지면 동압이 증가하고 정압이 감소한다.
③ 음속보다 빠른 흐름에서는 동압과 정압이 동시에 증가한다.
④ 동압과 정압의 차이로 비행속도를 측정할 수 있다.

> 베르누이의 정리란?
> 유체가 흐르는 속도와 압력, 높이의 관계를 수량적으로 나타낸 법칙이다. 유체의 위치에너지와 운동에너지의 합이 항상 일정하다는 성질을 이용한 것으로, 완전유체가 규칙적으로 흐르는 경우에 대해 서술한 것이다.

88. 수평시정에 대한 설명 중 맞는 것은?

① 관제탑에서 알려져 있는 목표물을 볼 수 있는 수평거리이다.
② 조종사가 이륙 시 볼 수 있는 가시거리이다.
③ 조종사가 착륙 시 볼 수 있는 가시거리이다.
④ 관측지점으로부터의 알려져 있는 목표물을 참고하여 측정한 거리이다.

89. 다음 중 날개의 받음각에 대한 설명이다. 틀린 것은?

① 기체의 중심선과 날개의 시위선이 이루는 각이다.
② 공기흐름의 속도방향과 날개골의 시위선이 이루는 각이다.
③ 받음각이 증가하면 일정한 각까지 양력과 항력이 증가한다.
④ 비행 중 받음각은 변할 수 있다.

정답 83. ① 84. ① 85. ② 86. ④ 87. ③ 88. ④ 89. ①

90 지상 활주 중에 방향을 전환하고자 할 경우 주의사항으로 적합한 것은?

① 방향을 전환하고자 할 때는 스로틀을 증가시켜 지상 활주속도를 증가시키는 것이 바람직하다.
② 배풍을 받고 지상 활주 중 정풍방향으로 선회할 때는 급선회하는 현상이 초래될 수 있어 주의해야 한다.
③ 선회를 원하면 선회 반대 방향 쪽의 러더 페달에 압력을 가하기 시작해야 한다.
④ 움직임을 예측하여 원하는 방향에 도달하거나 도달 후에 러더 페달의 압력을 풀어 주기 시작한다.

① 지상 활주 시 선회하고자 할 때는 스로틀을 줄여야 한다.
③ 선회방향으로 러더 페달에 압력을 가해야 한다.
④ 도달하기 전에 러더 페달에 압력을 풀어 주어야 한다.

91 실속(stall)에 대한 설명으로 틀린 것은 어느 것인가?

① 비행기가 그 고도를 더 이상 유지할 수 없는 상태를 말한다.
② 받음각(AOA)이 실속(stall)각보다 클 때 일어나는 현상이다.
③ 날개에서 공기흐름의 떨어짐 현상이 생겼을 때 일어난다.
④ 양력계수가 급격히 증가하기 때문이다.

실속이란 항공기가 공기의 저항에 부딪쳐 양력을 상실하는 현상이다.

92 착륙을 위한 4각 장주에서 활주로와 평행하며 착륙 활주로와 반대방향인 구간은?

① 정풍로(UPWIND LEG)
② 측풍로(CROSSWIND LEG)
③ 배풍로(DOWNWIND LEG)
④ 최종접근로(FINAL APPROACH LEG)

93 일정한 원형 항적을 유지하기 위하여 바람에 따른 경사각 유지방법은?

① 정풍에서는 지시속도보다 대지속도가 크기 때문에 작은 경사각을 사용해야 한다.
② 정풍에서는 지시속도보다 대지속도가 크기 때문에 큰 경사각을 사용해야 한다.
③ 배풍에서는 지시속도보다 대지속도가 크기 때문에 큰 경사각을 사용해야 한다.
④ 배풍에서는 지시속도보다 대지속도가 크기 때문에 작은 경사각을 사용해야 한다.

정풍 시는 지시속도가 대지속도보다 빠르다. 배풍 시에는 지시속도가 대지속도보다 느리다(대지속도는 지시속도에 바람의 속도를 더한 것). 일정한 원형을 그리기 위해서는 배풍 시 바람의 영향을 줄이기 위하여 빨리 돌아야 한다.

94 꼬리바퀴식 비행기에서 착륙 중에 발생할 수 있는 Ground Loop에 대한 설명으로 알맞은 것은?

① 선회 외측으로 날개를 기울게 하여 결국에는 날개 끝이 지면에 부딪쳐 날개를 파손시키게 되며 심하면 비행기 앞부분이 지면과 충돌한다.
② 선회내측으로 날개를 기울게 하여 결국에는 날개 끝이 지면에 부딪쳐 날개를 파손시키게 된다.
③ 선회 전방으로 날개를 기울게 하여 결국에는 비행기의 앞부분이 지면에 부딪쳐 비행기의 앞부분을 파손시키게 된다.
④ 선회 후방으로 날개를 기울게 하여 결국에는 비행기의 꼬리바퀴 부분이 지면에 부딪쳐 비행기의 고리바퀴 부분을 파손시키게 된다.

지상루프는 지상활주, 이륙활주, 착륙 후 활주 시 발생하며 측풍의 영향이나 러더의 오작동으로 인하여 무게중심을 축으로 하여 선회하는 것을 말한다.

정답 90. ② 91. ④ 92. ③ 93. ③ 94. ②

95

다음 항법 방법 중 초경량비행장치가 이용하기에 적합한 것은?

① 천문항법   ② 지문항법
③ 추측항법   ④ 무선항법

- 지문항법 : 가장 기초적인 항법으로 지형을 참고하여 비행하는 방법이다.
- 추측항법 : 비행하고자 목적지까지 항법 계획을 작성하고 작성된 항법에 따라 비행하는 방법이다.
- 무선항법 : 전파의 특성을 이용한 항법으로 무선항법보조시설을 사용한다.

96

피토우(pitot) 튜브를 이용한 속도계의 원리를 설명한 것이다 바른 것은?

① 속도=(정압+동압)−정압   ② 속도=(동압−정압)+정압
③ 속도=전압−동압   ④ 속도=(동압정압)−전압

속도계는 동압을 지시하며 동압=전압−정압, 전압=동압+정압

97

날개골(airfoil)에서 캠버(camber)를 설명한 것이다. 바르게 설명한 것은?

① 앞전과 뒷전 사이를 말한다.
② 시위선과 평균캠버선 사이의 길이를 말한다.
③ 날개의 아랫면(lower camber)과 윗면(upper camber) 사이를 말한다.
④ 날개 앞전에서 시위선 길이의 25% 지점의 두께를 말한다.

캠버는 시위선과 평균캠버선 사이의 길이(두께)를 말한다. 평균캠버선은 윗면(upper camber)과 아랫면(lower camber)의 중간 지점을 잇은 선이다.

98

베르누이의 공식이 아닌 것은?

① 동압+정압=전압
② 유체속도가 빠르면 정압은 낮아진다.
③ 동압은 유체의 속도의 제곱에 반비례한다.
④ 동압은 부딪히는 면적에 비례한다.

99 착륙 접근 중 안전에 문제가 있다고 판단하여 다시 이륙하는 것을 무엇이라고 하는가?

① 복행
② 하드랜딩
③ 바운싱
④ 플로팅

> 복행이란 착륙 접근 시 문제가 있어서 접지 전에 재이륙하는 것이다. 하드랜딩이란 수직속도가 남아있어 강한 충격으로 착지하는 현상이다. 바운싱이란 부적절한 착륙자세나 과도한 침하율로 인하여 착지후 공중으로 다시 떠오르는 현상 플로팅이란 접근 속도가 정상 접근 속도보다 빨라 침하하지 않고 떠 있는 현상이다. 벌룬링이란 빠른 접근 속도에서 피치 자세와 받음각을 급속히 증가시켜 다시 상승하게 하는 현상이다.

100 항공기가 일정 고도에서 등속수평비행을 하고 있다. 맞는 조건은?

① 양력=항력, 추력=중력
② 양력=중력, 추력=항력
③ 추력＞항력, 양력＞중력
④ 추력=항력, 양력＜중력

> 등속비행이란 일정 속도 비행을 의미한다.
> 즉, 추력=항력으로 수평방향 힘이 같을 때 수평비행이란 고도의 변화가 없는 비행을 말한다.
> 즉, 양력=중력으로 수직방향의 힘이 같을 때이다.

101 분당 500피트의 상승률로 상승 중에 수평비행을 하고자 한다면 언제 수평비행 조작을 시작해야 하는가?

① 원하는 수평비행고도의 500피트 전에 시작한다.
② 원하는 수평비행고도의 1,000피트 전에 시작한다.
③ 원하는 수평비행고도의 100피트 전에 시작한다.
④ 원하는 수평비행고도의 50피트 전에 시작한다.

> 상승 시 10% 리드량 원칙으로 상승률(수직속도계 참고)에 10% 전에 수평조작을 시작한다.

정답 95. ② 96. ① 97. ② 98. ③ 99. ① 100. ② 101. ④

102 다음은 무엇에 대한 설명인가?

> 유체가 규칙적으로 흐르는 것에 대한 속력, 압력, 높이의 관계에 대한 법칙. 간략하게 말해서 에너지 보존 법칙의 이상 유체 버전이라고 생각해도 된다(일정한 전압 안에서의 에너지보존의 법칙).

① 작용·반작용의 원리　② 에너지 보존법칙
③ 베르누이의 정리　　　④ 프로타고스의 정리

103 No control 시 해야 할 행동이 아닌 것은?

① 주변에 빠르게 상황을 전파하고 안전거리를 유지한 상태에서 조종기와 신호연결 시도
② 신호연결에 대비해 스로틀 50% 유지
③ 엘리오 2의 경우에는 Return Home 설정이 되어 있음, 그 외에는 제자리 호버링 또는 착륙 등 설정이 가능하다.
④ 조종기의 전원을 끄고 안전한 곳으로 대피한다.

104 송수신 장비의 관리 및 점검에 해당하지 않는 것은?

① 베터리 전압 확인
② 주변의 2.4Ghz 주파수대역 및 고출력주파수 사용 자제 혹은 회피
③ 비행 전 바인딩 상태 확인
④ 불필요한 케이블을 정리한다.

105 다음은 무엇에 대한 설명인가?

> 기체의 이동방향으로 작용하는 힘

① 양역　② 중력　③ 추력　④ 항력

106. 배터리의 관리 및 점검에 해당하지 않는 것은?

① 과충전 혹은 과방전을 하지 않는다(50% 이하 사용 시 성능 저하).
② 장기간 보관 시 50% 방전 상태에서 보관
③ 낙하, 충격, 날카로운 것에 대한 손상의 경우 합선으로 화재가 발생할 수 있다.
④ 배터리 보관 적정온도는 15~20℃이다.

107. 다음은 무엇에 대한 설명인가?

> 회전익 기체의 토크현상을 막기 위해 테일 로터 또는 동축반전의 형태로 작용시키는 힘

① 양력 ② 중력 ③ 반토크 ④ 토크

108. 다음 중 항력의 설명으로 바르지 않은 것은?

① 형상항력 : 날개앞 모양에 따른 항력
② 마찰항력 : 표면의 거칠기에 따른 항력
③ 유도항력 : 양력의 영향으로 생기는 항력
④ 조파항력 : 공기의 신축성 충격파에 의한 항력

정답 102. ③ 103. ④ 104. ④ 105. ④ 106. ④ 107. ③ 108. ④

Chapter 05
CBT 기출문제

초경량비행장치 기출문제 I

시험일시	년	월	일
기 수		성 명	

01 다음 초경량비행장치의 종류 중 자이로플레인은 어디에 포함되는가?

① 동력비행장치 ② 회전익 비행장치
③ 무인비행장치 ④ 기구류

- 동력비행장치 – 타면조종형, 체중이동형
- 회전익 비행장치 – 초경량헬리콥터, 초경량자이로플레인
- 무인비행장치 – 무인동력비행장치, 무인비행선
- 기구류 – 자유기구, 계류식기구

02 다음 공역의 종류 중 통제공역은?

① 초경량비행장치 비행제한 구역
② 훈련구역
③ 군 작전구역
④ 위험구역

초경량비행장치 비행제한 구역은 통제공역이다.

03 다음 초경량비행장치의 사고 발생 시 최초보고 사항이 아닌 것은?

① 조종자 및 그 초경량비행장치 소유자 등의 성명 또는 명칭
② 사고가 발생한 일시 및 장소
③ 초경량비행장치의 종류 및 신고번호
④ 사고의 세부적인 원인

초경량비행장치 사고를 일으킨 조종자 또는 그 초경량비행장치 소유자등은 다음 각 호의 사항을 지방항공청장에게 보고하여야 한다.
• 조종자 및 그 초경량비행장치소유자등의 성명 또는 명칭
• 초경량비행장치의 종류 및 신고번호
• 사고의 경위
• 사람의 사상(死傷) 또는 물건의 파손 개요
• 사상자의 성명 등 사상자의 인적사항 파악을 위하여 참고가 될 사항

04 조종자 준수사항 위반 시 1차 과태료는?

① 5만원　　　　② 10만원
③ 100만원　　　④ 30만원

조종자 준수사항 위반시 1차 과태료는 100만원이다.

05 초경량 비행장치의 비행계획승인이나 각종 신고는 누구에게 하는가?

① 대통령　　　　② 지방항공청장
③ 국토부장관　　④ 시도지사

동력비행장치 등 국토교통부령으로 정하는 초경량비행장치를 사용하여 국토교통부장관이 고시하는 초경량비행장치 비행제한공역에서 비행하려는 사람은 국토교통부령을 정하는 바에 따라 미리 국토교통부장관으로부터 비행승인을 받아야한다.
비행승인 대상이 아닌 경우라 하더라도 다음 각 호의 어느 하나에 해당하는 경우에는 절차에 따라 국토교통부장관의 비행승인을 받아야한다.

정답　01. ②　02. ①　03. ④　04. ③　05. ③

06 우리나라 항공관련법규(항공안전법, 항공사업법, 공항시설법)의 기본이 되는 국제법은?
① 미국의 항공법
② 일본의 항공법
③ 중국의 항공법
④ 「국제민간항공협약」 및 같은 협약의 부속서

07 초경량비행장치 무인 멀티콥터의 안정성인증은 어느 기관에서 실시하는가?
① 교통안전공단
② 지방항공청
③ 항공안전기술원
④ 국방부

08 초경량비행장치의 사업범위가 아닌 것은?
① 농약살포
② 항공촬영
③ 산림조사
④ 야간정찰

09 비행금지구역, 비행제한구역, 위험구역 설정 등의 공역을 제공하는 것은?
① AIC
② AIP
③ AIRAC
④ NOTAM

NOTAM
• Notice to Airmen 항공고시보
• AIP를 통한 정보에 변경사항이나 위험요인 등이 생겼다는 사실을 긴급히 알리는 것

10 지방항공청장에게 기체 신고 시 필요 없는 것은?

① 초경량비행장치를 소유하거나 사용할 수 있는 권리가 있음을 증명하는 서류
② 초경량비행장치의 제원 및 성능표
③ 초경량비행장치의 사진
④ 초경량비행장치의 제작자

초경량 비행장치를 소유하거나 사용할 수 있는 권리가 있음을 증명하는 서류, 초경량비행장치의 제원 및 성능표, 초경량비행장치의 사진 등 지방항공청장에게 신고해야한다.

11 다음 중 초경량비행장치가 아닌 것은?

① 동력비행장치
② 초급활공기
③ 낙하산류
④ 동력패러글라이더

초급활공기는 항공기이다.

12 지표면 또는 수면으로부터 200m 이상 높이의 공역으로서 항공교통의 안전을 위하여 지정한 공역은?

① 관제권
② 관제구
③ 비행정보구역
④ 항공로

13 말소 신고를 하지 않았을 시 최대 과태료는?

① 5만 원
② 15만 원
③ 30만 원
④ 50만 원

정답 06. ④ 07. ③ 08. ④ 09. ④ 10. ④ 11. ② 12. ② 13. ③

14 초경량비행장치 소유자의 주소변경 시 신고기간은?

① 15일
② 30일
③ 60일
④ 90일

> 초경량비행장치소유자등은 제122조 각 호의 사항을 변경하려는 경우에는 그 사유가 있는 날부터 30일 이내에 별지 제116호 서식의 초경량비행장치 변경·이전 신고서를 지방항공청장에게 제출하여야 한다.

15 비 관제공역에 대한 설명 중 맞는 것은?

① 항공교통 조언업무와 비행 정보업무가 제공되도록 지정된 공역
② 항공사격, 대공사격 등으로 인한 위험한 공역
③ 지표면 또는 수면으로부터 200m 이상 높이의 공역
④ 항공기 또는 지상시설물에 대한 위험이 예상되는 공역

16 초경량비행장치 멀티콥터의 일반적인 비행시 비행고도 제한 높이는?

① 50m
② 100m
③ 150m
④ 200m

17 통제구역에 해당하는 것은?

① 비행금지구역
② 위험구역
③ 경계구역
④ 훈련구역

18 초경량 비행장치 조종자 자격시험에 응시할 수 있는 최소 연령은?

① 만 12세 이상
② 만 13세 이상
③ 만 10세 이상
④ 만 18세 이상

> 만 10세 이상(4종 취득)

19 항공기의 항행안전을 저해할 우려가 있는 장애물 높이가 지표 또는 수면으로부터 몇 미터 이상이면 항공장애 표시등 및 항공장애 주간표지를 설치하여야 하는가? (단, 장애물 제한구역 외에 한 한다.)

① 50m
② 100m
③ 150m
④ 200m

150m 고도이하에서 드론을 날려야 한다. 조종자 준수사항

20 국토교통부령으로 정하는 초경량비행장치를 사용하여 비행하려는 사람은 비행안전을 위한 기술상의 기준에 적합하다는 안전성인증을 받아야 한다. 다음 중 안전성 인증대상이 아닌 것은?

① 무인기구류
② 무인비행장치
③ 회전익비행장치
④ 착륙장치가 없는 동력패러글라이더

무인기구류는 안전성 인증대상이 아니다.

21 동력비행장치는 자체 중량이 몇 킬로그램 이하 이어야 하는가?

① 70kg
② 100kg
③ 115kg
④ 250kg

22 국토교통부장관에게 소유신고를 하지 않아도 되는 것은?

① 동력비행장치
② 초경량 헬리콥터
③ 초경량 자이로플레인
④ 계류식 무인비행장치

계류식 무인 비행장치는 국토교통부장관에게 소유신고를 하지 않아도 된다.

정답 14. ② 15. ① 16. ③ 17. ① 18. ③ 19. ③ 20. ① 21. ③ 22. ④

23 초경량비행장치 비행계획승인 신청 시 포함되지 않는 것은?

① 비행경로 및 고도
② 동승자의 소지자격
③ 조종자의 비행경력
④ 비행장치의 종류 및 형식

「항공안전법시행규칙」 제183조(비행계획에 포함되어야 할 사항) 법 제67조에 따라 비행계획에는 다음 각호의 사항이 포함되어야 한다. 다만, 제9호부터 제14호까지의 사항은 지방항공청장 또는 항공교통본부장이 요청하거나 비행계획을 제출하는 자가 필요하다고 판단하는 경우에만 해당한다.
1. 항공기의 식별부호
2. 비행의 방식 및 종류_0001MS_0001
3. 항공기의 대수·형식 및 최대이륙중량 등급
4. 탑재장비
5. 출발비행장 및 출발 예정시간
6. 순항속도, 순항고도 및 예정항공로
7. 최초 착륙예정 비행장 및 총 예상 소요 비행시간
8. 교체비행장(시계비행방식에 따라 비행하려는 경우 또는 제186조 제3항 각호에 해당되는 경우는 제외한다)
9. 시간으로 표시한 연료탑재량
10. 출발 전에 연료탑재량으로 인하여 비행 중 비행계획의 변경이 예상되는 경우에는 변경될 목적비행장 및 비행경로에 관한 사항
11. 탑승 총 인원(탑승수속 상 불가피한 경우에는 해당 항공기가 이륙한 직후에 제출할 수 있다.)
12. 비상무선주파수 및 구조 장비
13. 기장의 성명(편대비행의 경우에는 편대 책임기장의 성명)
14. 낙하산 강하의 경우에는 그에 관한 사항
15. 그 밖에 항공교통관제와 수색 및 구조에 참고가 될 수 있는 사항

24 항공시설, 업무, 절차 또는 위험요소의 신설, 운영상태 및 그 변경에 관한 정보를 수록하여 전기통신 수단으로 항공종사자들에게 배포하는 공고문은?

① AIC
② AIP
③ AIRAC
④ NOTAM

25 초경량비행장치의 멸실 등의 사유로 신고를 말소할 경우에 그 사유가 발생한 날부터 몇 일 이내에 지방항공청장에게 말소신고서를 제출하여야 하는가?

① 5일 ② 10일
③ 15일 ④ 30일

26 항공안전법에서 정한 용어의 정의가 맞는 것은?

① 관제구라 함은 평균해수면으로부터 500미터 이상 높이의 공역으로서 항공교통의 통제를 위하여 지정된 공역을 말한다.
② 항공등화라 함은 전파, 불빛, 색채 등으로 항공기 항행을 돕기 위한 시설을 말한다.
③ 관제권이라 함은 비행장 및 그 주변의 공역으로서 항공교통의 안전을 위하여 지정된 공역을 말한다.
④ 항행안전시설이라 함은 전파에 의해서만 항공기 항행을 돕기 위한 사실을 말한다.

27 초경량비행장치 멀티콥터 조종자 전문교육기관이 확보해야 할 지도조종자의 최소비행시간은?

① 50시간 ② 100시간
③ 150시간 ④ 200시간

28 초경량비행장치에 의하여 사고가 발생한 경우 사고조사를 담당하는 기관은?

① 관할 지방항공청 ② 항공교통관제소
③ 교통안전공단 ④ 항공 철도사고조사위원회

정답 23. ② 24. ④ 25. ④ 26. ③ 27. ② 28. ④

29

R-75 제한구역의 설명 중 가장 적절한 것은?

① 서울지역 비행제한구역
② 군 사격장, 공수낙하훈련장
③ 서울지역 비행금지 구역
④ 초경량비행장치 전용공역

R-75는 서울지역 비행제한 구역이다.

30

비행금지구역의 통제 관할기관으로 맞지 않는 것은?

① P-73A/B 서울지역 : 수도방위사령부
② P-518 휴전선지역 : 합동참모본부
③ P-61~65 A구역 : 합동참모본부
④ P-61~65 B구역 : 각 군사령부

31

일반적인 비행금지 사항에 대한 설명 중 맞는 것은?

① 서울지역 P-73A/B 구역의 건물 내에서는 야간에도 비행이 가능하다.
② 한적한 시골지역 유원지 상공의 150m 이상 고도에서 비행이 가능하다.
③ 초경량비행장치 전용공역에서는 고도 150m 이상, 야간에도 비행이 가능하다.
④ 아파트 놀이터나 도로 상공에서는 비행이 가능하다.

인구밀집지역 또는 사람이 많이 모인 곳의 상공은 금지된다. 150m 이상의 고도는 금지이며 일몰 후부터 일출 전까지의 야간에 비행하는 행위는 비행금지이다.

32

초경량비행장치의 설계 및 제작 후 최초로 안전성 인증을 받기 위해 행하는 검사는?

① 초도검사
② 정기검사
③ 수시검사
④ 재검사

33 취미활동, 오락용 무인비행장치의 운용에 대한 설명으로 틀린 것은?

① 취미활동, 오락용 무인비행장치조종자도 조종자 준수사항을 준수하여야 한다.
② 타 비행체와의 충돌방지와 제 3자 피해를 위한 안전장치를 강구하여야 한다.
③ 무게가 작고 소형인 취미, 오락용 비행장치도 비행금지구역이나 관제권에서 비행 시 허가를 받아야 한다.
④ 취미활동, 오락용 무인비행장치는 소형이라서 아파트나 도로 상공에서 비행이 가능하다.

인구가 밀집된 지역이나 그 밖에 사람이 많이 모인 장소의 상공에서 인명 또는 재산에 위험을 초래할 우려가 있는 방법으로 비행하는 행위는 비행금지이다.

34 우리나라 항공안전법의 목적으로 틀린 것은?

① 항공기, 경량항공기 또는 초경량비행장치가 안전하게 항행하기 위한 방법을 정한다.
② 국민의 생명과 재산을 보호한다.
③ 항공기술 발전에 이바지한다.
④ 국제 민간항공기구에 대응한 국내 항공 산업을 보호한다.

35 다음 초경량비행장치 기준 중 무인동력비행장치에 포함되지 않는 것은?

① 무인 비행기
② 무인 헬리콥터
③ 무인 멀티콥터
④ 무인 비행선

무인동력비행장치 : 연료의 중량을 제외한 자체중량이 150kg 이하인 무인비행기, 무인헬리콥터 또는 무인멀티콥터

정답 29. ① 30. ④ 31. ① 32. ① 33. ④ 34. ④ 35. ④

36
초경량비행장치 사용자의 준용규정 설명으로 맞지 않는 것은?

① 주류섭취에 관하여 항공종사자와 동일하게 0.02% 이상 제한을 적용한다.
② 항공종사자가 아니므로 자동차 운전자 규정인 0.03% 이상을 적용한다.
③ 마약류 관리에 관한 법률 제2조 제1호에 따른 마약류 사용을 제한한다.
④ 화학물질관리법 제22조 제1항에 따른 환각물질의 사용을 제한한다.

37
2017년 후반기 발의된 특별비행승인과 관련된 내용으로 맞지 않는 것은?

① 조건은 야간에 비행하거나 육안으로 확인할 수 없는 범위에서 비행 할 경우를 말한다.
② 승인시 제출 포함내용은 무인비행장치의 종류, 형식 및 제원에 관한 서류
③ 승인시 제출 포함내용은 무인비행장치의 조작방법에 관한 서류
④ 특별비행 승인이므로 모든 무인비행장치는 안전성 인증서를 제출하여야 한다.

38
다음 과태료의 금액이 가장 작은 위반 행위는?

① 조종자 증명을 받지 않고 초경량비행장치를 사용하여 비행한 경우의 1차 과태료
② 조종자 준수사항을 따르지 않고 비행한 경우의 1차 과태료
③ 비행안전의 안전성 인증을 받지 않고 비행한 경우의 1차 과태료
④ 초경량비행장치의 말소신고를 하지 않은 경우의 1차 과태료

39 초경량비행장치의 비행안전을 확보하기 위하여 초경량비행장치의 비행활동에 대한 제한이 필요한 공역은?

① 관제공역
② 주의공역
③ 훈련공역
④ 비행제한공역

40 다음 중 항공안전법 상 초경량비행장치에 포함되지 않는 것은?

① 동력비행장치
② 회전익비행장치
③ 동력패러글라이더
④ 활공기

활공기는 항공기에 포함된다.

초경량비행장치 기출문제 II

시험일시	년	월	일
기 수		성 명	

01 비행방향의 반대인 공기흐름의 속도방향과 Airfoil의 시위 선이 만드는 사이각을 말하며, 양력, 항력 및 피치 모멘트에 가장 큰 영향을 주는 것은?

① 상반각
② 받음각
③ 붙임각
④ 후퇴각

- 상반각 : 항공기의 가로축과 날개의 중심선 사이에 형성된 각도
- 받음각 : 항공기의 시위선과 상대풍이 이루는 각도
- 붙임각 : 비행기의 세로축과 날개의 시위 또는 Airfoil이 이루는 각도
- 후퇴각 : 날개가 뒤로 젖혀진 각도

02 지면효과에 대한 설명으로 맞는 것은?

① 공기흐름 패턴과 함께 지표면의 간섭의 결과이다.
② 날개에 대한 증거된 유해항력으로 공기흐름 패턴에서 변형된 결과이다.
③ 날개에 대한 공기흐름 패턴의 방해 결과이다.
④ 지표면과 날개 사이를 흐르는 공기 흐름이 빨라져 유해 항력이 증가함으로써 발생하는 현상이다.

날개에 흐르는 공기흐름이 지면에 가까워짐에 따라 방해를 받아 흐름의 형태가 바뀌어 에어쿠션과 같은 현상이 발생하는 것처럼 느끼게 되는데 이러한 현상을 지면효과라고 한다.

03 취부각(붙임각)의 설명이 아닌 것은?

① Airfoil의 익현선과 로터 회전면이 이루는 각
② 취부각(붙임각)에 따라서 양력은 증가만 한다.
③ 블레이드 피치각
④ 유도기류와 항공기 속도가 없는 상태에서는 영각(받음 각)과 동일하다.

04 헬리콥터나 드론이 제자리 비행을 하다가 이동시키면 계속 정지상태를 유지하려는 것은 뉴턴의 운동법칙 중 무슨 법칙인가?

① 가속도의 법칙　　② 관성의 법칙
③ 작용반작용의 법칙　④ 등가속도의 법칙

> 뉴턴의 관성의 법칙에서 정지 또는 움직이는 물체는 다른 힘이 적용될 때까지 계속 정지하거나 계속 움직이려는 특성이 있다.

05 수평 직진비행을 하다가 상승비행으로 전환 시 받음각(영각)이 증가하면 양력은 어떻게 변화하는가?

① 순간적으로 감소한다.　② 순간적으로 증가한다.
③ 변화가 없다.　　　　　④ 지속적으로 감소한다.

> 받음각은 날개에 의해 발생되는 양력과 항력의 크기를 결정하는 요소이며 양력 크기에 비례하고 그만큼 항력은 감소하는 특징을 가지고 있다. 따라서 받음각이 증가하면 양력은 순간적으로 증가한다.

06 비행장치에 작용하는 힘은?

① 양력, 무게, 추력, 항력　② 양력, 중력, 무게, 추력
③ 양력, 무게, 동력, 마찰　④ 양력, 마찰, 추력, 항력

> 비행 중인 항공기에는 추력과 항력, 양력과 무게(중력)의 힘이 작용한다.

07 엔진이 장착된 무인헬리콥터의 동력계통의 주요 구성요소가 아닌 것은?

① 메인로터 및 허브　　　② 마스터축 및 트랜스미션
③ 드라이브 샤프트와 클러치　④ 모터와 변속기

> 모터와 변속기는 전기 계통이므로 엔진이 장착된 무인헬리콥터의 주요 구성요소가 아니다.

정답　01. ②　02. ①　03. ②　04. ②　05. ②　06. ①　07. ④

08 회전익 항공기 또는 비행장치 등 회전익에만 발생하며 블레이드가 회전할 때 공기와 마찰하면서 발생하는 항력은 무슨 항력인가?

① 유도항력 ② 유해항력
③ 형상항력 ④ 총항력

형상항력은 항공기 동체와 그 주위를 지나가는 공기의 흐름으로 인해 생겨나는 항력이다. 유해항력 중의 하나이며 회전익에서만 발생하며 압력항력과 마찰항력이 있다.

09 대칭형 Airfoil에 대한 설명 중 틀린 것은?

① 상부와 하부표면이 대칭을 이루고 있으나 평균 캠버선과 익현선은 일치하지 않는다.
② 중력중심 이동이 대체로 일정하게 유지되어 주로 저속 항공기에 적합하다.
③ 장점은 제작비용이 저렴하고 제작도 용이하다.
④ 단점은 비대칭형 Airfoil에 비해 양력이 적게 발생하여 실속이 발생할 수 있는 경우가 더 많다.

대칭형과 비대칭형의 특징은 다음과 같다.
- 대칭형 Airfoil : 시위선을 기준으로 하부가 대칭인 날개이다. 압력중심 이동이 일정하게 유지되며 회전익 항공기에 적합하다. 또한 가격이 저렴하고 제작이 용이하며 상, 하부의 공기흐름 속도가 동일하여 양력의 발생이 적다는 특징이 있다.
- 비대칭형 Airfoil : 만곡형이라고 부르는 형태의 비대칭형 날개는 위쪽의 공기흐름이 빠르기 때문에 회전익보다는 고정익 항공기에 적합하다. 대칭형과 다르게 가격이 높으며 상, 하부의 형태가 상이하여 제작이 어렵다. 형태에 의해 하부에는 공기흐름이 느리게 되어 양력 발생이 크다.

10 전동식 비행장치(멀티콥터 및 헬리콥터)의 기체 구성품과 거리가 먼 것은?

① 프로펠러 ② 모터와 변속기
③ 자동비행장치 ④ 클러치

11 비행장치의 무게중심은 어떻게 결정할 수 있는가?

① CG=TA×TW(총 암과 총무게를 곱한 값이다.)
② CG=TM÷TW(총 모멘트를 총 무게로 나누어 얻은 값이다.)
③ CG=TM÷TA(총 모멘트를 총 암으로 나누어진 값이다.)
④ CG=TA÷TM(총 암을 모멘트로 나누어 얻은 값이다.)

> 무게중심에 대하여 회전하려는 것을 모멘트라 하며, 모멘트는 힘과 그 힘이 작용하는 거리를 곱한 크기이다.

12 헬리콥터나 드론이 제자리 비행을 하다가 전진비행을 계속하면 속도가 증가되어 이륙하게 되는데 이것은 뉴턴의 운동법칙 중 무슨 법칙인가?

① 가속도의 법칙
② 관성의 법칙
③ 작용반작용의 법칙
④ 등가속도의 법칙

> 물체에 힘을 작용하게 되면 이 물체는 주어진 힘의 크기와 방향에 따라 운동 상태가 변화하는데 이러한 변화를 가속도라고 한다. 물체에 힘이 작용하면 가속도를 얻게 된다는 것이 뉴턴의 가속도의 법칙이다.

13 무인회전익비행장치 비상절차로서 적절하지 않는 것은?

① 항상 비행 상태 경고등을 모니터하면서 조종해야 한다.
② GPS 경고등이 점등되면 즉시 자세모드로 전환하여 비행을 실시한다.
③ 제어시스템 고장 경고가 점등될 경우, 즉시 착륙시켜 주변 피해가 발생하지 않도록 한다.
④ 이상이 발생하면 안전한 장소를 찾아 비스듬히 하강 착륙 시킨다.

> 이상이 발생하면 신속히 최고 안전지역에 수직 하강하여 착륙시켜야 한다.

정답 08. ③ 09. ① 10. ④ 11. ② 12. ① 13. ④

14
다음 중 무인항공기의 용어의 정의 포함 내용으로 적절하지 않은 것은?

① 조종사가 지상에서 원격으로 자동 반자동 형태로 통제하는 항공기
② 자동비행장치가 탑재되어 자동비행이 가능한 비행하는 항공기
③ 비행체, 지상통제장비, 통신장비, 탑재임무장비, 지원장비로 구성된 시스템 항공기
④ 자동항법장치가 없이 원격통제되는 모형항공기

무인항공기는 자동항법장치로 원격통제되는 모형항공기의 정의를 포함하고 있다.

15
농업용 무인회전익 비행장치 비행 전 점검할 내용으로 맞지 않는 것은?

① 기체이력부에서 이전 비행기록과 이상 발생 여부는 확인할 필요가 없다.
② 연료 또는 배터리의 만충 여부를 확인한다.
③ 비행체 외부의 손상 여부를 육안 및 촉수 점검한다.
④ 전원 인가상태에서 각 조종부위의 작동 점검을 실시한다.

비행 전 안전점검 시 기체이력부에서 이전 비행기록과 이상 발생 여부는 확인하여야 한다.

16
다음 중 무인비행장치 기본 구성 요소라 볼 수 없는 것은?

① 조종자와 지원 인력
② 비행체와 조종기
③ 관제소 교신용 무전기
④ 임무 탑재 카메라

무인비행장치 기본 구성 요소(시스템 구성)에는 비행체, 지상통제 시스템, 통신 데이터 링크, 탑재 임무장비, 후속 군수지원이 있다. 따라서 관제소 교신용 무전기는 기본 구성 요소가 아니다.

17 조종자가 방제작업 비행 전에 점검할 항목과 거리가 먼 것은?

① 살포구역, 위험장소, 장애물의 위치 확인
② 풍향, 풍속 확인
③ 지형, 건물 등의 확인
④ 주차장 위치 및 주변 고속도로 교통량의 확인

무인항공방제 시에 조종자가 해야 할 점검항목은 다음과 같다.
① 위험장소, 장해물의 위치 살포 제외 구역에 대해서 확인을 마쳤는가?
② 풍향, 풍속의 확인
③ 지형, 건물 등의 확인
④ 작업 계획면적과 약제배분, 작업 순서 등의 확인

18 항공법상에 무인멀티콥터 사용사업을 위해 가입해야 하는 필수 보험은?

① 기체보험(동산종합보험)
② 자손 종합 보험
③ 대인/대물 배상 책임보험
④ 살포보험(약제살포 배상책임보험)

제70조(항공보험 등의 가입의무)
초경량비행장치를 초경량비행장치사용사업, 항공기대여업 및 항공레저스포츠사업에 사용하려는 자는 국토교통부령으로 정하는 보험 또는 공제에 가입하여야 한다. 따라서 무인멀티콥터 사용사업을 위해서는 대인/대물 배상 책임보험에 필수로 가입하여야 한다.

19 무인항공기 자동비행장치를 구성하는 기본 항공전자 시스템으로 볼 수 없는 것은?

① 자동비행컴퓨터(FCC)(자동비행)
② 레이저 및 초음파 센서(고도/충돌방지)
③ GPS 시스템(위치/고도)
④ 자이로 및 마그네틱 센서(자세/방위각)

정답 14. ④ 15. ① 16. ③ 17. ④ 18. ③ 19. ②

20 회전익 비행장치 이륙 절차로 적절하지 않은 것은?

① 비행 전 각 조종부의 작동점검을 실시한다.
② 시동이 걸리면 바로 고도로 상승시켜 불필요한 연료 낭비를 줄인다.
③ 이륙은 수직으로 천천히 상승시킨다.
④ 제자리비행 상태에서 전/후/좌/우 작동 점검을 실시한다.

시동이 걸리면 전후좌우 방향을 한 번씩 작동시켜 정상 작동 여부를 확인한다. 자이로 방향이 반대로 장착된 경우 이 점검을 하지 않고 이륙조작을 하면 바로 기체가 뒤집어 지는 현상이 나타난다.

21 다음 지역 중 우리나라 평균해수면 높이를 0m로 선정하여 평균해수면의 기준이 되는 지역은?

① 영일만　　② 순천만
③ 인천만　　④ 강화만

우리나라는 인천만을 기준으로 평균해수면 높이를 0m로 선정하였다.

22 다음 중 기상 7대 요수는 무엇인가?

① 기압, 전선, 기온, 습도, 구름, 강수, 바람
② 기압, 기온, 습도, 구름, 강수, 바람, 시정
③ 해수면, 전선, 기온, 난기류, 시정, 바람, 습도
④ 기압, 기온, 대기, 안정성, 해수면, 바람, 시정

기상 7대 요소는 기압, 기온, 습도, 구름, 강수, 바람, 시정이다.

23 물질의 1g이 온도를 1℃ 올리는데 요구되는 열은?

① 잠열　　② 열량
③ 비열　　④ 현열

어떤 물질 1g의 온도를 1℃ 높이는데 필요한 열량을 비열이라고 한다.

24 대부분의 기상이 발생하는 대기의 층은?

① 대류권　　② 성층권
③ 중간권　　④ 열권

> 대류권은 지구 대기권의 가장 낮은 부분으로 지표면과 접하고 있으며 대부분의 기상 현상이 일어나는 곳이다.

25 불포화 상태의 공기가 냉각되어 포화 상태가 되는 기온은?

① 상대 기온　　② 결빙 기온
③ 절대 기온　　④ 이슬점(노점) 기온

> 이슬점 온도는 공기 중에 수증기가 포화되기 위하여 냉각되어야 하는 온도인데, 이 온도에 도달하면 공기가 포함되고 이슬이 맺히기 시작한다.

26 바람이 존재하는 근본적인 원인은?

① 기압차이　　② 고도차이
③ 공기밀도 차이　　④ 자전과 공전현상

> 바람은 기압이 높은 곳에서 낮은 쪽으로 힘이 작용한다.

27 다음 중 열량에 대한 내용으로 맞는 것은?

① 물질의 온도가 증가함에 따라 열에너지를 흡수할 수 있는 양
② 물질 10g의 온도를 10℃ 올리는데 요구되는 열
③ 온도계로 측정한 온도
④ 물질의 하위상태로 변화시키는 데 요구되는 열에너지

> 물질의 온도가 증가함에 따라 열에너지를 흡수할 수 있는 양을 열량이라고 한다.

정답　20. ②　21. ③　22. ②　23. ③　24. ①　25. ④　26. ①　27. ①

28. 다음 중 안개의 수평시정 거리는 무엇인가?
① 1km 미만
② 2km 미만
③ 1마일 미만
④ 2마일 미만

29. 태풍의 명칭과 지역을 잘못 연결한 것은?
① 허리케인 – 북대서양과 북태평양 동부
② 태풍 – 북태평양 서부
③ 사이클론 – 인도
④ 바귀오 – 북한

> 태풍은 지역에 따라 이름이 다양하게 불린다. 동북아시아를 포함한 북태평양 서부에서는 '태풍', 북태평양 동부는 '허리케인', 인도양 주변에서는 '사이클론', 호주 부근 남태평양에서는 '윌리윌리'라고 한다.

30. 구름을 잘 구분한 것은 어느 것인가?
① 높이에 따른 상층운, 중층운, 하층운, 수직으로 발달한 구름
② 층운, 적운, 난운, 권운
③ 층운, 적란운, 권운
④ 운량에 따라 작은 구름, 중간 구름, 큰 구름 그리고 수직으로 발달한 구름

> 구름을 고도에 따라 분류를 하면 상층운, 중층운, 하층운, 수직운으로 분류가 되고 형태에 따라 분류를 하면 층운형, 권운형 등이 있다.

31. 초경량비행장치를 이용하여 비행정보 구역 내에 비행 시 비행계획을 제출하여야 하는데 포함 사항이 아닌 것은?
① 교체비행장
② 연료 재보급 비행장 또는 지점
③ 기장의 성명
④ 예상 소요비행시간

32 초경량비행장치의 용어 설명으로 틀린 것은?

① 초경량비행장치의 종류에는 동력비행장치, 인력활공기, 기구류, 무인비행장치 등
② 무인동력 비행장치는 연료의 중량을 제외한 자체 중량이 120kg 이하인 무인비행기 또는 무인회전익 비행장치를 말한다.
③ 회전익 비행장치에는 초경량 자이로플레인, 초경량 헬리콥터 등이 있다.
④ 무인비행선은 연료의 중량을 제외한 자체 중량이 180kg 이하이고, 길이가 20m 이하인 무인비행선을 말한다.

무인동력 비행장치는 연료의 중량을 제외한 자체중량이 150kg 이하인 무인비행기, 무인헬리콥터 또는 무인멀티콥터이다.

33 무인회전익비행장치 비상절차로서 적절한 것은?

① 항상 비행 상태 경고등을 모니터하면서 조종해야 한다.
② GPS 경고등이 점등되면 즉시 GPS모드로 전환하여 비행을 실시한다.
③ 제어시스템 고장 경고가 점등될 경우, 천천히 착륙시켜 주변 피해가 발생하지 않도록 한다.
④ 이상이 발생하면 안전한 장소를 찾아 비스듬히 하강 착륙 시킨다.

34 항공안전법상 신고를 필요로 하지 아니하는 초경량비행 장치의 범위가 아닌 것은?

① 동력을 이용하지 아니하는 비행장치
② 낙하산류
③ 무인비행기 및 무인회전익 비행장치 중에서 연료의 무게를 제외한 자체무게가 12kg 이하인 것
④ 군사 목적으로 사용되지 아니하는 초경량 비행장치

군사목적으로 사용되는 초경량비행장치는 신고를 필요로 하지 않는다.

정답 28. ① 29. ④ 30. ① 31. ② 32. ② 33. ① 34. ④

35

초경량비행장치를 소유하거나 사용할 수 있는 권리가 있는 자는 초경량 비행장치를 영리목적으로 사용하여서는 아니된다. 그러나 국토 교통부령으로 정하는 보험 또는 공제에 가입한 경우는 그러하지 않는데 아닌 경우는?

① 항공기 대여업에의 사용
② 항공기 운송사업
③ 초경량비행장치 사용사업에의 사용
④ 항공레저스포츠 사업에의 사용

제70조(항공보험 등의 가입의무)
초경량비행장치를 초경량비행장치사용사업, 항공기대여업 및 항공레저스포츠사업에 사용하려는 자는 국토교통부령으로 정하는 보험 또는 공제에 가입하여야 한다.

36

다음 중 항공안전법상 초경량 비행장치라고 할 수 없는 것은?

① 낙하산류에 추진력을 얻은 장치를 부착한 동력 패러글라이더
② 하나 이상의 회전익에서 양력을 얻는 초경량자이로플레인
③ 좌석이 2개인 비행장치로서 자체 중량이 115kg을 초과 하는 동력비행 장치
④ 기체의 성질과 온도차를 이용한 유인 또는 계류식 기구류

국토교통부령으로 정한 초경량 비행장치에 해당되는 기준은 좌석이 1개이며 자체중량이 115kg 이하인 비행장치이다.

37

우리나라 항공안전법의 목적은 무엇인가?

① 생명과 재산을 보호하고 항공기술발전에 이바지함
② 항공기 등 안정항행 기준을 법으로 정함
③ 국제 민간항공의 안전 항행과 발전 도모
④ 국내 민간항공의 안전 항행과 발전 도모

항공안전법은 국제민간항공협약 및 같은 협약의 부속서에서 채택된 표준과 권고되는 방식에 따라 항공기, 경량항공기 또는 초경량비행장치가 안전하게 항행하기 위한 방법을 정함으로써 생명과 재산을 보호하고, 항공기술 발전에 이바지함을 목적으로 한다.

38 다음 중 초경량비행장치 사용사업의 범위가 아닌 경우는?

① 비료 또는 농약살포, 씨앗 뿌리기 등 농업지원
② 사진촬영, 육상 및 해상측량 또는 탐사
③ 산림 또는 공원 등의 관측 및 탐사
④ 지방 행사시 시범 비행

> 「항공안전법」 제2조 제32호 "초경량비행장치사용사업"이란 「항공사업법」 제2조제23호에 따른 초경량비행장치사용사업을 말한다.
> 「항공사업법 시행규칙」 제6조(초경량 비행장치 사용사업의 사업범위 등)
> 「항공사업법」 제2조 제23호에서 "농약살포, 사진촬영 등 국토교통부령으로 정하는 업무"란 다음 각 호의 어느 하나에 해당하는 업무를 말한다.
> • 비료 또는 농약 살포, 씨앗 뿌리기 등 농업 지원
> • 사진촬영, 육상 및 해상측량 또는 탐사
> • 산림 또는 공원 등의 관측 또는 탐사
> • 조종교육
> • 그 밖의 업무로서 다음 각 목의 어느 하나에 해당하지 아니하는 업무
>   가. 국민의 생명과 재산 등 공공의 안전에 위해를 일으킬 수 있는 업무
>   나. 국방·보안 등에 관련된 업무로서 국가 안보를 위협할 수 있는 업무

39 초경량비행장치 사고로 분류할 수 없는 것은?

① 초경량비행장치에 의한 사람의 사망, 중상 또는 행방불명
② 초경량비행장치의 덮개나 부분품의 고장
③ 초경량비행장치의 추락, 충돌 또는 화재발생
④ 초경량비행장치의 위치를 확인할 수 없거나 비행장치에 접근이 불가할 경우

> 항공안전법 제2조, 항공 및 철도 사고 조사에 관한 법률 제2조
> "초경량비행장치사고"란 초경량비행장치를 사용하여 비행을 목적으로 이륙하는 순간부터 착륙하는 순간까지 발생한 다음 각 목의 어느 하나에 해당하는 것으로서 국토교통부령으로 정하는 것을 말한다.
> 1. 초경량비행장치에 의한 사람의 사망, 중상 또는 행방불명
> 2. 초경량비행장치의 추락, 충돌 또는 화재 발생
> 3. 초경량비행장치의 위치를 확인할 수 없거나 초경량비행장치에 접근이 불가능한 경우

정답 35. ② 36. ③ 37. ① 38. ④ 39. ②

40 초경량비행장치 조종자 전문교육기관 지정 기준으로 가장 적절한 것은?

① 비행시간이 100시간 이상인 지도조종자 1명 이상 보유 및 비행시간이 150시간 이상인 실기평가 조종자
② 비행시간이 150시간 이상인 지도조종자 2명 이상 보유
③ 비행시간이 100시간 이상인 실기평가 조종자 1명 이상 보유
④ 비행시간이 150시간 이상인 실기평가 조종자 2명 이상 보유

초경량비행장치 조종자 전문교육기관의 지정기준은 무인비행장치의 경우 조종경력이 100시간 이상인 지도조종자 1명과 비행시간이 150시간 이상인 실기평가 조종자를 보유해야 한다.

정답 40. ①

초경량비행장치 기출문제 III

시험일시	년	월	일
기 수		성 명	

01 다음 초경량비행장치의 종류 중 초경량자이로플레인은 어디에 포함되는가?

① 동력비행장치　　② 회전익 비행장치
③ 무인비행장치　　④ 기구류

> 항공법 시행규칙 제 14조
> 초경량비행장치는 동력비행장치, 인력활공기(행글라이더, 패러글라이더), 기구류(자유기구, 계류식기구), 회전익비행장치(초경량자이로플레인, 초경량헬리콥터), 동력패러글라이더, 무인비행장치, 낙하산류로 분류한다.

02 다음 초경량비행장치의 사고 발생 시 최초보고 사항이 아닌 것은?

① 조종자 및 그 초경량비행장치 소유자 등의 성명 또는 명칭
② 사고가 발생한 일시 및 장소
③ 초경량 비행장치의 종류 및 신고번호
④ 사고의 세부적인 원인

> 초경량비행장치사고 발생 통보 시 포함되어야 할 사항은 다음과 같다.
> 초경량비행장치사고의 유형, 발생 일시 및 장소, 기종, 발생 경위, 사상자 등 피해상황, 통보자의 성명 및 연락처, 기타 사고조사에 필요한 사항

03 조종자 준수사항 위반 시 1차 과태료는?

① 5만 원　　② 10만 원
③ 100만 원　　④ 30만 원

> 조종자 준수사항 위반 시 1차 과태료는 100만원이다.

정답　01. ②　02. ④　03. ③

04 다음 공역의 종류 중 통제공역은?

① 초경량비행장치 비행제한 구역
② 훈련구역
③ 군 작전구역
④ 위험구역

통제구역이란 항공교통의 안전을 위하여 항공기의 비행을 금지하거나 제한할 필요가 있는 공역을 말한다. 통제공역으로는 비행금지구역, 비행제한구역, 초경량비행장치 비행제한구역이 있다.

05 통제구역에 해당하는 것은?

① 비행금지구역　　② 위험구역
③ 경계구역　　　　④ 훈련구역

4번과 동일

06 초경량 비행장치의 비행승인신청은 누구에게 하는가?

① 대통령
② 국토교통부 장관
③ 지방항공청장
④ 시도지사

비행승인신청은 국토교통부장관, 승인 서류는 지방항공청장에게 제출(청장 위임)

07 초경량비행장치 무인 멀티콥터의 안정성인증은 어느 기관에서 실시하는가?

① 교통안전공단　　② 지방항공청
③ 항공안전기술원　④ 국방부

초경량비행장치 안정성 인증기관은 "항공안전기술원법"에 따라 설립된 항공안전기술원이다.

08 우리나라 항공관련법규(항공안전법, 항공사업법, 공항시설법)의 기본이 되는 국제법은?

① 미국의 항공법
② 일본의 항공법
③ 중국의 항공법
④ 「국제민간항공협약」 및 같은 협약의 부속서

> 항공안전법 제1조(목적)
> 우리나라 항공안전법은 "국제민간항공협약 및 같은 협약의 부속서에서 채택된 표준과 권고되는 방식에 따라…(이하 생략)"

09 초경량비행장치의 사업범위가 아닌 것은?

① 농약살포　　② 항공촬영
③ 산림조사　　④ 야간정찰

> 제6조(초경량 비행장치 사용사업의 사업범위 등)
> 법 제2조 제23호에서 "농약살포, 사진촬영 등 국토교통부령으로 정하는 업무"란 다음 각 호의 어느 하나에 해당하는 업무를 말한다.
> • 비료 또는 농약 살포, 씨앗 뿌리기 등 농업 지원
> • 사진촬영, 육상 및 해상측량 또는 탐사
> • 산림 또는 공원 등의 관측 또는 탐사

10 지표면 또는 수면으로부터 200m 이상 높이의 공역으로서 항공교통의 안전을 위하여 지정한 공역은?

① 관제권　　② 관제구
③ 비행정보구역　　④ 항공로

> 관제구는 지표면 또는 수면으로부터 200미터 이상 높이의 공역이다.

정답　04. ①　05. ①　06. ②　07. ③　08. ④　09. ④　10. ②

11 해수면에서 1,000ft 상공의 기온은 얼마인가? (단 국제 표준대기 기준)

① 9℃   ② 11℃   ③ 13℃   ④ 15℃

국제 표준대기 기준 해수면에서 1,000ft 상공의 기온은 13℃이다.

12 액체 물방울이 섭씨 0℃ 이하의 기온에서 응결되거나 액체상태로 지속되어 남아있는 물방울을 무엇이라 하는가?

① 물방울   ② 과냉각수   ③ 빙정   ④ 이슬

구름은 어는점보다 높은 온도를 가진 물방울, 어는점보다 낮은 온도를 가진 물방울(과냉각수), 빙정들로 이루어져 있다.

13 다음 중 기온에 관한 설명 중 틀린 것은?

① 태양열을 받아 가열된 대기(공기)의 온도이며 햇빛이 잘 비치는 상태에서의 얻어진 온도이다.
② 1.25~2m 높이에서 관측된 온도를 말한다.
③ 해상에서 측정 시는 선박의 높이를 고려하여 약 10m의 높이에서 측정한 온도를 사용한다.
④ 흡수된 복사열에 의한 대기(공기)의 온도이며 햇빛이 가려진 상태에서 10분간 통풍을 하여 얻어진 온도이다.

기온은 지상 약 1.5m 높이에 설치된 백엽상에서 측정이 되는데 백엽상은 설치시에 직사광선을 피하고 통풍이 될 수 있도록 한다.

14 일기도에서 등압선의 설명 중 맞는 것은?

① 조밀하면 바람이 강하다.
② 조밀하면 바람이 약하다.
③ 서로 다른 기압지역은 연결한 선이다.
④ 조밀한 지역은 기압경도력이 매우 작은 지역이다.

등압선의 간격이 좁으면 좁을수록 바람이 더욱 세다.

15. 다음 중 국제민간항공기구(ICAO)의 표준대기 조건이 잘못된 것은?

① 대기는 수증기가 포함되지 않는 건조한 공기이다.
② 대기의 온도는 통상적인 0℃를 기준으로 하였다.
③ 해면상의 대기 압력은 수은주의 높이 760mm를 기준으로 하였다.
④ 고도에 따른 온도강하는 −56.5℃(−67.7F) 될 때까지 −2도/1,000ft이다.

국제민간항공기구의 표준대기 조건으로 해면상 기온은 15℃로 하였다.

16. 다음 중 고기압에 대한 설명으로 잘못된 것은?

① 고기압은 주변기압보다 상대적으로 기압이 높은 곳으로 주변의 낮은 곳으로 시계방향으로 불어 나간다.
② 주변에는 상승기류가 있고 단열승온으로 대기 중 물방울은 증발한다.
③ 구름이 사라지고 날씨가 좋아진다.
④ 중심부근은 기압경도가 비교적 작아 바람은 약하다.

고기압은 중심 기압이 주변보다 높은 곳을 말하며, 반시계방향으로 회전하면서 바람이 불어나간다. 중심이 주위보다 온난하여 상공으로 갈수록 더욱 고기압이 현저하고 거의 이동하지 않으며, 맑은 날씨가 특징이 있다.

17. 다음 중 착빙의 종류에 포함되지 않는 것은?

① 서리착빙　　　　② 거친착빙
③ 맑은 착빙　　　　④ 이슬착빙

착빙은 구조착빙과 서리착빙, 유도착빙의 형태로 나누어지는데 구조 착빙은 맑은 착빙, 거친 착빙, 혼합 착빙의 형태로 나누어진다.

정답　11. ③　12. ②　13. ①　14. ①　15. ②　16. ②　17. ④

18
다음 중 저기압에 대한 설명으로 잘못된 것은?

① 저기압은 주변보다 상대적으로 기압이 낮은 부분이다. 1기압이라도 주변상태에 의해 기압이 될 수도 있고 고기압이 될 수도 있다.
② 하강기류에 의해 구름과 강수현상이 있고 바람도 강하다.
③ 저기압 내에서는 주위보다 기압이 낮으므로 사방으로부터 바람이 불어 들어온다.
④ 일반적으로 저기압 내에서는 날씨가 나쁘고 비바람이 강하다.

저기압은 중심 기압이 주변보다 기압이 낮은 곳을 말하며, 1기압이라 할지라도 주변 상태에 따라 저기압이 될 수도 있다. 불어 들어오는 바람에 공기가 밀려 중심 부근에서는 상승기류가 생기게 되고 이로 인해 날씨는 흐리며 눈, 비가 내리게 된다.

19
다음 중 푄현상의 설명과 거리가 먼 것은?

① 우리나라의 푄현상은 늦봄에서 초여름에 걸쳐 동해안에서 태백산맥을 넘어 서쪽 사면으로 부는 북동 계열의 바람이다.
② 동쪽에서 서쪽으로 공기가 불어 올라갈 때에 수증기가 응결되어 비나 눈이 내리면서 상승한다.
③ 습하고 찬 공기가 지형적 상승과정을 통해서 저온 습한 바람으로 변화되는 현상이다.
④ 지형적 상승과 습한 공기의 이동 그리고 건조단열 기온감률 및 습윤단열 기온율이다.

푄 현상은 국지풍의 종류 중 하나로 일명 높새바람이라고 한다. 습하고 찬 공기가 산맥 등을 넘어갈 때 고온 건조한 바람으로 바뀌게 된다.

20 다음은 날개의 공기흐름 중 기류 박리에 대한 설명으로 틀린 것은?

① 날개 표면에 흐르는 기류가 날개의 표면과 공기입자 간의 마찰력으로 인해 표면으로부터 떨어져 나가는 현상을 말한다.
② 날개의 표면과 공기입자 간의 마찰력으로 공기 속도가 감소하여 정체구역이 형성된다.
③ 경계층 밖의 기류는 정체점을 넘어서게 되고 경계층이 표면에 박리되게 된다.
④ 기류 박리는 양력과 항력을 급격히 증가시킨다.

21 다음 중 멀티콥터 배터리 관리 및 운용방법 중 틀린 것은?

① 매 비행 시마다 완충된 배터리를 사용하는 것이 좋다.
② 전원이 켜진 상태에서 배터리 탈착이 가능하다.
③ 정격 용량 및 장비별 지정된 정품 배터리를 사용해야 한다.
④ 전압 경고가 점등될 경우 가급적 빨리 복귀 및 착륙시키는 것이 좋다.

― 배터리는 꼭 전원을 끈 상태에서 탈착하여야 한다.

22 회전익 비행장치 이륙 절차로 적절하지 않는 것은?

① 비행 전각 조종부의 작동점검을 실시한다.
② 시동이 걸리면 바로 고도로 상승시켜 불필요한 연료 낭비를 줄인다.
③ 이륙은 수직으로 천천히 상승시킨다.
④ 제자리비행 상태에서 전/후/좌/우 작동 점검을 실시한다.

― 시동이 걸린 후 바로 고도로 상승시키면 스핀현상과 같이 위험상황이 발생할 수 있다.

정답 18. ② 19. ③ 20. ④ 21. ② 22. ②

23 다음 중 비행장치에 작용하는 힘의 방향(양력, 항력, 중력, 추력)과 속도와의 관계 설명 중 틀린 것은?

① 항력은 속도의 제곱에 비례한다.
② 양력은 받음각이 증가하면 증가한다.
③ 중력은 속도에 비례한다.
④ 추력은 받음각과 상관없다.

추력은 엔진, 프로펠러 또는 회전날개에서 발생하는 힘으로 항공기를 앞으로 전진시키는 힘이므로 받음각과 상관없고, 항력은 일반적으로 추력에 반대된다. 양력은 날개가 공기 중을 통과하면서 발생되는 힘으로 받음각의 크기에 따라 변한다.

24 운동하는 방향이 바뀌거나 다른 방향으로 옮겨지는 현상으로 토크작용과 토크작용을 상쇄하는 꼬리날개의 추진력이 복합되어 기체가 우측으로 편류하려고 하는 현상을 무엇이라 하는가?

① 전이성향
② 전이비행
③ 횡단류 효과
④ 지면효과

25 X자형 멀티콥터가 우로 이동 시 로터는 어떻게 회전하는가?

① 왼쪽은 시계방향으로, 오른쪽은 하단에서 반시계 방향으로 회전한다.
② 왼쪽은 반시계방향으로, 오른쪽은 하단에서 반시계 방향으로 회전한다.
③ 왼쪽 2개가 빨리 회전하고, 오른쪽 2개는 천천히 회전한다.
④ 왼쪽 2개가 천천히 회전하고, 오른쪽 2개는 빨리 회전한다.

X자형 멀티콥터가 우로 이동 시 왼쪽에 있는 프로펠러의 추력이 높아져야 하므로 왼쪽 2개가 빨리 회전하고, 오른쪽 2개는 천천히 회전한다.

26 멀티콥터의 로터가 6개인 멀티콥터를 무엇이라 하는가?
① Quad copter
② Tri copter
③ Hexa copter
④ Octo copter

로터가 3개인 멀티콥터는 Tri copter, 4개인 멀티콥터는 Quad copter, 6개인 멀티콥터는 Hexa copter, 8개인 멀티콥터는 Octo copter라고 한다.

27 고도, 속도, 거리, 시간 등을 파악하여 목표지점까지 도달하게 하는 방법은?
① 지문 항법
② 추측 항법
③ GPS 항법
④ 무선 항법

고도, 속도, 거리, 시간 등을 파악하여 목표지점까지 도달하게 하는 방법을 추측 항법이라고 한다.

28 멀티콥터의 수직착륙 시 조종방법은?
① 스로틀 상승
② 스로틀 하강
③ 엘리베이터 전진
④ 엘리베이터 후진

멀티콥터의 수직 착륙시 스로틀을 하강시킨다.

29 태풍의 명칭과 지역을 잘못 연결한 것은?
① 허리케인 – 북대서양과 북태평양 동부
② 태풍 – 북태평양 서부
③ 사이클론 – 인도
④ 바귀오 – 북한

태풍은 지역에 따라 이름이 다양하게 불린다. 동북아시아를 포함한 북태평양 서부에서는 '태풍', 북태평양 동부는 '허리케인', 인도양 주변에서는 '사이클론', 호주 부근 남태평양에서는 '윌리윌리'라고 한다.

정답 23. ③ 24. ① 25. ③ 26. ③ 27. ② 28. ② 29. ④

30 멀티콥터에 사용되는 브러시리스 모터의 설명 중 틀린 것은?

① 모터의 수명에 영향을 미치는 브러시를 없애므로 수명을 반영구적으로 만든 모터이다.
② DC전압을 조절하면서 회전수를 조절할 수 있어 변속기가 불필요하다.
③ 수명이 반영구적이다.
④ 전자석에 순차적으로 자성을 발생시키는 변속기(ESC)가 필수적이다.

> 브러시리스 모터는 3상 주파수를 사용하기 때문에 전자변속기가 반드시 필요하다.

31 위성항법시스템의 무인멀티콥터 활용시의 설명 중 가장 맞는 것은?

① 멀티콥터의 대부분은 GPS 시스템을 탑재하고 스스로 위치를 산출하여 자동적으로 공중의 같은 위치에서 정지비행을 할 수 있다.
② GPS 신호는 곡선성이 높고, 반사에 의한 신호는 오차가 거의 발생하지 않게 수신된다.
③ GPS 신호는 높은 건물이 많은 장소, 실내, 구름층 등 지역에서도 잘 수신된다.
④ 최근 멀티콥터에 탑재되는 GPS안테나는 고성능이므로 개개의 부품만으로 신호를 받을 수 있다.

32 양력발생에 영향을 미치는 것이 아닌 것은?

① 속도　　　　　　② 받음각
③ 해발고도　　　　④ 장애물이 없는 지역

> 양력 발생 원리는 장애물 유무와 무관하다.

33 불포화 상태의 공기가 냉각되어 포화 상태가 되는 기온은?

① 상대 기온
② 결빙 기온
③ 절대 기온
④ 이슬점(노점) 기온

이슬점 온도는 공기 중에 수증기가 포화되기 위하여 냉각되어야 하는 온도이다.

34 다음 중 멀티콥터 비행 시 모터 중 한 두 개가 정지 하여 비행이 불가 시 가장 올바른 대처법은?

① 신속히 최고 안전지역에 수직 하강하여 착륙시킨다.
② 상태를 기다려 본다.
③ 조종기술을 이용하여 최대한 호버링한다.
④ 최초 이륙지점으로 이동시켜 착륙한다.

멀티콥터 비행 중 위험상황 발생 시 신속히 최고 안전지역에 수직 하강하여 착륙시킨다.

35 윤활유의 역할이 아닌 것은?

① 마찰 저감작용　　② 냉각작용
③ 응력분산작용　　④ 방빙작용

윤활유는 마찰 저감작용, 냉각작용, 응력분산작용 역할을 한다.

36 다음 중 초경량비행장치에 사용하는 배터리가 아닌 것은?

① LiPo　　② NiCd
③ NiZi　　④ NiCH

정답　30. ②　31. ①　32. ④　33. ④　34. ①　35. ④　36. ④

37 다음 중 전자 변속기(ESC)의 설명이 틀린 것은?

① BLCD 모터의 방향과 속도를 제어할 수 있도록 해주는 장치이다.
② Brushed 모터의 방향과 속도를 제어할 수 있도록 해주는 장치이다.
③ 비행제어시스템의 명령값에 따라 적정 전압과 전류를 조절하여 실제 비행체를 조절하여 실제 비행체를 조절할 수 있도록 해준다.
④ 모터를 한 방향으로 회전하도록 만들어 지는데 삼상의 전원선을 교차시킴으로서 모터의 회전방향이 반대가 되도록 한다.

전자변속기는 Brushless 모터에 전원을 전달하여 공급하는 역할을 하여 모터의 방향과 속도를 제어할 수 있도록 해준다.

38 바람이 존재하는 근본적인 원인은?

① 기압차이
② 고도차이
③ 공기밀도 차이
④ 자전과 공전현상

바람은 기압이 높은 곳에서 낮은 쪽으로 힘이 작용한다.

39 엔진오일의 역할이 아닌 것은?

① 윤활작용
② 온도상승방지
③ 기밀유지
④ 방빙작용

엔진오일은 윤활작용, 온도상승방지, 기밀유지의 역할을 한다.

40 다음 중 양력의 성질을 설명한 것 중 맞는 것은?

① 양력이란 합력 상대풍에 수평으로 작용하는 항공역학적인 힘이다.
② 양력은 양력계수, 공기밀도, 속도의 제곱, 날개의 면적에 비례한다.
③ 피치적용에 의해 나타나는 양력계수와 항공기 속도는 조종사가 변화시킬 수 있다.
④ 양력의 양은 조종사가 모두 조절할 수 있다.

> 양력은 항공기의 날개가 공기 중을 통과하면서 발생되는 힘이다. 양력은 상대풍에 대해 수직으로 작용하고, 중심위치는 받음각의 크기에 따라 변한다. 수평 비행에서 양력과 중력은 반대방향으로 작용한다.

정답 37. ② 38. ① 39. ④ 40. ③

초경량비행장치 기출문제 IV

| 시험일시 | 년 | 월 | 일 |
| 기 수 | | 성 명 | |

01 IMU 장치로 측정되는 비행데이터에 해당되는 것은?

① 속도와 고도
② 고도와 비행자세
③ 가속도와 방위각
④ 비행자세와 각속도

> IMU는 이동물체에 관하여 속도, 방향, 가속도(가속도계), 중력을 측정하는 장치이다.

02 다음 중 무인멀티콥터에 탑재된 센서와 연관성이 옳지 않은 것은?

① MEMS 자이로센서 – 비행자세
② 가속도 센서 – 비행 속도
③ 기압센서 – 비행 속도와 고도
④ AHRS – 방위각

> 가속도 센서 또는 가속도계는 물체의 가속도나 충격의 세기를 측정하는 센서이다.

03 리튬폴리머 배터리에 대한 설명 중 옳지 않은 것은?

① 충전 시 셀당 4.2V가 초과되지 않도록 한다.
② 한 셀만 3.2V이고 나머지는 4.0V 이상일 경우에는 정상이므로 비행에 지장없다.
③ 20C, 25C 등은 방전율을 의미한다.
④ 6S, 12S 등은 배터리 팩의 셀 수를 표시하는 것이다.

> 한 셀당 평균전압은 3.7V이다.

04 다음 중 무인비행장치의 비상램프 점등 시 조치로서 옳지 않은 것은?

① GPS 에러 경고 – 비행자세 모드로 전환하여 즉시 비상착륙을 실시한다.
② 통신 두절 경고 – 사전 설정된 RH 내용을 확인하고 그에 따라 대비한다.
③ 배터리 저전압 경고 – 비행을 중지하고 착륙하여 배터리를 교체한다.
④ IMU 센서 경고 – 자세모드로 전환하여 비상 착륙을 실시한다.

> 비행 중 GPS 경고등이 점등되었을 경우, 자세제어 모드로 전환하여 자세제어 상태에서 수동으로 조종하여 복귀시킨다.

05 무인멀티콥터의 프로펠러 재질로 가장 거리가 먼 것은?

① 카본
② 강화플라스틱
③ 금속
④ 나무

> 무인멀티콥터의 프로펠러 재질은 카본, 강화플라스틱, 나무가 있다.

06 직원들의 스트레스 해소 방안으로 옳지 않은 것은?

① 정기적인 신체검사 실시
② 난이도 높은 업무에 대한 직무교육 실시
③ 직무평가 및 적성에 따른 직무 재배치
④ 주기적인 상호평가 실시

> 정기적인 신체검사, 난이도 높은 업무에 대한 직무교육, 직무 재배치 등이 직원들의 스트레스 해소에 도움을 준다.

정답 01. ④ 02. ② 03. ② 04. ① 05. ③ 06. ④

07 비행체의 계통과 연결이 옳지 않은 것은?

① 동력전달계통(구동계통) – 모터, 변속기
② 전기계통 – 배터리, 발전기
③ 조종계통 – 서보, 변속기
④ 연료계통 – 카브레터, 라디에이터

08 비행 전 조종기 점검 사항으로 부적절한 것은?

① 각 버튼과 스틱들이 off 위치에 있는지 확인한다.
② 조종 스틱이 부드럽게 전 방향으로 움직이는지 확인한다.
③ 조종기를 켠 후 자체 점검 이상 유무와 전원 상태를 확인한다.
④ 조종기 트림은 자동으로 중립 위치에 설정되므로 확인이 필요 없다.

> 조종기 트림은 자동으로 중립 위치에 설정되지 않으므로 유지되지 않을 경우 트림을 조절하여 맞춰야 한다.

09 다음 중 지면효과를 받을 때의 현상과 거리가 먼 것은?

① 유도기류 속도가 감소한다.
② 유도항력이 감소한다.
③ 영각(받음각)이 증가한다.
④ 수직양력이 감소한다.

> 지면효과는 날개를 흐르는 공기흐름이 지면에 가까워짐에 따라 방해를 받아 흐름의 형태가 바뀌어 에어쿠션과 같은 현상이며, 이는 수직양력을 증가시킨다.

10 25kg의 비행장치가 60도 경사로 동 고도 선회 시 총 하중계수는 얼마인가?

① 25kg   ② 37.5kg
③ 50kg   ④ 77.5kg

25kg×2G = 50kg (G : 중력)

11 비행 교육간 교관의 교수방법으로 가장 적절한 것은?

① 교관의 자기감정 표출은 신뢰감을 상실하여 교육생의 의욕을 저하시킨다.
② 비상상황을 대비시키기 위해 비인격적인 과격한 용어를 사용한다.
③ 잘못된 조작을 할 경우에는 즉각적으로 수정조작을 요구한다.
④ 교관의 개인적인 능력은 고유의 노하우로서 전수할 필요가 없다.

지도조종자(교관)는 교육생에게 비행교관으로서의 자질을 갖추고 올바른 지도를 해야 한다.

12 비행 교육의 특성과 교육요령으로 부적절한 것은?

① 동기 유발 : 스스로 하고자 하는 동기 부여
② 개별적 접근 : 일대일 교육으로 교관과의 인간관계 원활할 때 효과 증대
③ 건설적인 강평 : 잘못된 조작을 과도하고 충분한 시범으로 예시 제공
④ 비행 교시 과오 인정 : 교관의 잘못된 교시는 과감하게 시인

13 시정에 관한 설명으로 틀린 것은?

① 시정이란 정상적인 눈으로 먼 곳의 목표물을 볼 때 인식될 수 있는 최대 거리이다.
② 시정을 나타내는 단위는 mile이다.
③ 시정은 한랭기단에서 나쁘고 온난기단에서 좋다.
④ 시정이 가장 나쁜날은 안개가 낀 날과 습도가 70%가 넘으면 급격히 나빠진다.

시정은 m 단위로 표현한다.

정답 07. ④ 08. ④ 09. ④ 10. ③ 11. ① 12. ③ 13. ②

14 다음 중 항공기와 무인비행장치에 작용하는 힘에 대한 설명 중 틀린 것은?

① 양력의 크기는 속도의 제곱에 비례한다.
② 항력은 비행기의 받음각에 따라 변한다.
③ 추력은 비행기의 받음각에 따라 변하지 않는다.
④ 중력은 속도에 비례한다.

> 추력은 엔진, 프로펠러 또는 회전날개에서 발생하는 힘으로 항공기를 앞으로 전진시키는 힘이므로 받음각과 상관없고, 항력은 일반적으로 추력에 반대된다. 양력은 날개가 공기 중을 통과하면서 발생되는 힘으로 받음각의 크기에 따라 변한다.

15 회전익비행장치의 유동력 침하가 발생될 수 있는 비행 조건이 아닌 것은?

① 높은 강하율로 오토로테이션 접근 시
② 배풍 접근 시
③ 지면효과 밖에서 호버링을 하는 동안 일정한 고도를 유지하지 않을 때
④ 편대비행 접근 시

16 회전익비행장치가 제자리 비행 상태로부터 전진비행으로 바뀌는 과도적인 상태는?

① 횡단류 효과　　② 전이 비행
③ 자동 회전　　　④ 지면 효과

17 다음 중 무인회전익비행장치가 고정익형 무인비행기와 비행특성이 가장 다른 점은?

① 우 선회비행　　② 정지비행
③ 좌 선회비행　　④ 전진비행

> 고정익 무인비행기는 이륙이나 착륙을 위해서 활주로가 있어야 하며 정지 비행이나 좁은 공간에서의 비행(임무) 또는 저속에서의 비행임무가 제한을 받는다는 단점이 있다.

18 다음 중 옥토콥터의 로터 개수는?

① 3개　　　　　　　② 4개
③ 6개　　　　　　　④ 8개

19 고기압과 저기압에 대한 설명으로 맞는 것은?

① • 고기압 : 북반구에서 시계방향으로, 남반구에서는 반시계방향으로 회전한다.
　• 저기압 : 북반구에서 반시계방향으로, 남반구에서는 시계방향으로 회전한다.
② • 고기압 : 북반구에서 반시계방향으로, 남반구에서는 시계방향으로 회전한다.
　• 저기압 : 북반구에서 시계방향으로, 남반구에서는 반시계방향으로 회전한다.
③ • 고기압 : 북반구에서 시계방향으로, 남반구에서는 시계방향으로 회전한다.
　• 저기압 : 북반구에서 반시계방향으로, 남반구에서는 시계방향으로 회전한다.
④ • 고기압 : 북반구에서 반시계방향으로, 남반구에서는 시계방향으로 회전한다.
　• 저기압 : 북반구에서 반시계방향으로, 남반구에서는 시계방향으로 회전한다.

북반구에서는 고기압 중심 주위를 시계방향으로 회전하고, 남반구에서는 반시계방향으로 회전하면서 바람이 불어 나간다.

20 다음 중 Skid에 관한 설명으로 올바른 것은?

① 발열장치　　　　　② 착륙장치
③ 유압장치　　　　　④ 발전장치

정답　14. ④　15. ③　16. ②　17. ②　18. ④　19. ①　20. ②

21 프로펠러(propeller)의 정확한 의미로 가장 적절한 것은?

① 항공기나 선박에 추력(추진력, 전방으로 이동하는 힘)을 부여하는 장치
② 선박에 양력(공중으로 부양시키는 힘)을 부여하는 장치
③ 항공기나 선박에 항력(공기 중에 저항받는 힘)을 부여하는 장치
④ 항공기나 선박에 중력(중량, 무게)을 부여하는 장치

- 프로펠러는 엔진의 크랭크축 또는 변속기어의 축과 연결되어 전달되는 동력을 이용하여 회전시킴으로써 필요한 추력을 발생시키는 장치이다.
- 로터 또는 블레이드는 항공기, 드론에 양적을 부여하는 장치이다.

22 북반구에서 고기압의 바람 방향과 형태로 맞는 것은?

① 고기압을 중심으로 시계방향으로 회전하고 발산한다.
② 고기압을 중심으로 시계방향으로 회전하고 수렴한다.
③ 고기압을 중심으로 반시계방향으로 회전하고 수렴한다.
④ 고기압을 중심으로 반시계방향으로 회전하고 발산한다.

고기압권 내의 바람은 북반구에서 고기압 중심 주위를 시계방향으로 회전하면서 바람이 분다.

23 비행 교수법의 특성으로 가장 적절한 설명은?

① 비행교수법은 일반 타 교육과 유사하여 동일한 교수법을 적용한다.
② 교관은 자신만의 비행방식을 전수하여 비행기량을 향상시킨다.
③ 멀티콥터는 원리가 간단하여 교육 중 원리적인 부분을 설명할 필요는 없다.
④ 비행교육은 1 : 1 교육으로 필요한 기량을 반드시 숙달하도록 해야한다.

교육생마다 다른 교수법을 적용하여 교육생이 자신감을 찾고 안전하고 정확하게 비행할 수 있도록 도우며 원리를 함께 설명하여 주는 것이 올바른 방법이다.

24 cumulonimbus cloud와 nimbostratus cloud의 공통점?

① 비
② 수평으로 발달한 형태이고 안정된 공기
③ 수직으로 발달하고 불안정한 공기
④ 수직으로 발달하고 안정된 공기

Cumulonimbus cloud는 적란운이며 아주 높게 솟은 구름, 번개가 치며 소나기나 우박이 내린다. Nimbostratus cloud는 난층운이며 연속적인 비 또는 눈을 내리게 한다.

25 안개의 발생조건인 수증기 응결과 관련이 없는 것은?

① 공기 중에 수증기 다량 함유
② 공기가 노점온도 이하로 냉각
③ 공기 중 흡습성 미립자 즉 응결핵이 많아야 한다.
④ 지표면 부근의 기온역전이 해소될 때

대기 중의 수증기가 응결하여 아주 작은 물방울이나 빙정들이 떠 있는 현상을 안개라고 한다. 발생원인은 풍부한 수증기가 이슬점 아래의 기온이 되면서 물방울로 응결이 된다.

26 바람에 관한 설명 중 틀린 것은?

① 바람은 관측자를 기준으로 불어오는 방향이다.
② 풍향은 관측자를 기준으로 불어가는 방향이다.
③ 바람은 공기의 흐름이다 즉 운동하고 있는 공기이다.
④ 바람은 수평방향의 흐름은 지칭하고 고도가 높아지면 지표면 마찰이 적어 강해진다.

풍향은 바람이 불어오는 방향을 말한다.

정답 21. ① 22. ① 23. ④ 24. ① 25. ④ 26. ②

27. 다음 초경량비행장치의 사고 발생 시 최초보고 사항이 아닌 것은?

① 조종자 및 그 초경량비행장치 소유자 등의 성명 또는 명칭
② 사고가 발생한 일시 및 장소
③ 초경량 비행장치의 종류 및 신고번호
④ 사고의 세부적인 원인

> 항공안전법 시행규칙 제129조 제3항에 따라 사고 발생 시 최초보고 사항은 다음과 같다.
> • 조종자 및 그 초경량비행장치소유자 등의 성명 또는 명칭
> • 사고가 발생한 일시 및 장소
> • 초경량비행장치의 종류 및 신고번호
> • 사고의 경위
> • 사람의 사상 또는 물건의 파손 개요
> • 사상자의 성명 등 사상자의 인적사항 파악을 위하여 참고가 될 사항

28. 풍속의 단위 중 주로 멀티콥터 운용 시 사용하는 것은?

① M/H(kt)　　② SM/H(MPH)
③ km/h　　　④ m/s

> 멀티콥터 운용 시 풍속의 단위는 주로 m/s를 사용한다.

29. 안정된 대기란?

① 층운형 구름　　② 지속적인 안개와 강우
③ 시정불량　　　④ 안정된 기류

> 안정된 기류일 때 안정된 대기라고 한다.

30. 조종자 준수사항 위반 시 1차 과태료는?

① 5만 원　　② 10만 원
③ 20만 원　　④ 30만 원

> 조종자 준수사항 위반 시 1차 과태료는 20만원이다.

31. 바람이 발생하는 원인은?
① 공기의 밀도 차이
② 기압의 경도력
③ 고도 차이
④ 지구의 자전과 공전

두 지점 사이에 압력이 다르면 압력이 큰 쪽에서 작은 쪽으로 힘이 작용하게 되는데, 이를 기압경도력이라 한다. 바람은 기압이 높은 쪽에서 낮은 쪽으로 힘이 작용한다.

32. 착빙의 종류 중 투명하고 견고하며 고르게 매끄럽고 가장 위험한 착빙은?
① 서리착빙
② 거친착빙
③ 맑은 착빙
④ Intake 착빙

맑은 착빙은 무겁고 단단하며 항공기 표면에 단단하게 붙어 있어 항공기 날개의 형태를 크게 변형시키므로 구조 착빙 중에서 가장 위험한 형태이다.

33. 다음 초경량비행장치의 종류 중 초경량자이로플레인은 어디에 포함되는가?
① 동력비행장치
② 회전익 비행장치
③ 무인비행장치
④ 기구류

항공법 시행규칙 제14조에 초경량자이로플레인은 회전익 비행장치로 분류되었다.

34. 다음 공역의 종류 중 통제공역은?
① 초경량비행장치 비행제한 구역
② 훈련구역
③ 군 작전구역
④ 위험구역

통제구역은 비행금지구역, 비행제한구역이다.

정답 27. ④ 28. ④ 29. ④ 30. ③ 31. ② 32. ③ 33. ② 34. ①

35 통제구역에 해당하는 것은?

① 비행금지구역　② 위험구역
③ 경계구역　　　④ 훈련구역

34번과 동일

36 초경량 비행장치의 비행승인서류는 누구에게 제출하는가?

① 대통령　　　　② 국토부장관
③ 지방항공청장　④ 시도지사

비행승인신청은 국토교통부장관, 승인 서류는 지방항공청장에게 제출(청장 위임)

37 우리나라 항공 관련 법규(항공안전법, 항공사업법, 공항시설법)의 기본이 되는 국제법은?

① 미국의 항공법
② 일본의 항공법
③ 중국의 항공법
④ 「국제민간항공협약」 및 같은 협약의 부속서

"국제민간항공협약 및 같은 협약의 부속서에서 채택된 표준과 권고되는 방식에 따라…(생략)…목적으로 한다."라고 항공안전법 제1조(목적)에 명시하고 있다.

38 초경량비행장치 무인멀티콥터의 안정성인증은 어느 기관에서 실시하는가?

① 교통안전공단　② 지방항공청
③ 항공안전기술원　④ 국방부

초경량비행장치 안정성 인증기관은 "항공안전기술원법"에 따라 설립된 항공안전기술원을 말한다.

39 초경량비행장치의 사업범위가 아닌 것은?
① 농약살포 ② 항공촬영
③ 산림조사 ④ 야간정찰

> 초경량비행장치의 사업범위는 농약살포, 항공촬영, 산림조사 등 국토교통부령으로 정하는 업무를 하는 사업을 말한다.

40 지표면 또는 수면으로부터 200m 이상 높이의 공역으로서 항공교통의 안전을 위하여 지정한 공역은?
① 관제권 ② 관제구
③ 비행정보구역 ④ 항공로

> 관제구란 지표면 또는 수면으로부터 200미터 이상 높이의 공역이다.

정답 35. ① 36. ③ 37. ④ 38. ③ 39. ④ 40. ②

초경량비행장치 기출문제 V

시험일시	년		월		일	
기 수				성 명		

01 Blade pitch란 무엇인가?

① 블레이드의 직경
② 블레이드의 피치각
③ 블레이드가 1회 회전할 때 이동하는 정도
④ 블레이드의 회전면

> 피치(Pitch)란 프로펠러가 1번 회전할 때 이동하는 정도를 말한다.

02 비행장치의 위치를 확인하는 시스템은 무엇인가?

① 위성측위 시스템(GPS)
② 자이로 센서
③ 가속도 센서
④ 지자기 방위센서

> GPS는 GPS위성에서 보내는 신호를 수신해 사용자의 현재 위치를 계산하는 위성항법시스템이다.

03 브러시 직류 모터와 브러시리스 직류 모터의 특징으로 맞는 것은?

① 브러시 직류 모터는 반영구적이다.
② 브러시 모터는 안전이 중요한 만큼 대형 멀티콥터에 적합하다.
③ 브러시리스 모터는 전자변속기(ESC)가 필요 없다.
④ 브러시리스 모터는 영구적으로 사용이 불가능하다.

04 조종자 교육 시 논평(Criticize)을 실시하는 목적은?

① 잘못을 직접적으로 질책하기 위함
② 지도조종자의 품위 유지를 위함
③ 주변의 타 학생들에게 경각심을 주기 위함
④ 문제점을 발굴하여 발전을 도모하기 위함

조종자 교육 시 문제점을 발굴하여 발전을 도모하기 위하여 논평을 실시한다.

05 로터 점검 시 내용으로 틀린 것은?

① 로터의 고정상태를 확인한다.
② 로터의 회전방향을 확인한다.
③ 로터의 균열이나 손상여부를 확인한다.
④ 로터의 냄새를 맡아본다.

로터의 회전방향을 확인하고 메인포터 및 테일로터의 장착상태는 양호한지, 균열 및 손상된 부분이 없는지 점검한다.

06 멀티콥터의 Heading을 원 선회 중심을 향한 상태에서 선회하기 위해 필요한 키의 조합으로 가장 적절한 것은? (단, 무조작에서 기체 고도는 일정하다고 가정한다.)

① 쓰로틀, 에일러런   ② 에일러런, 러더
③ 러더, 엘리베이터   ④ 엘리베이터, 쓰로틀

용어는 다음과 같다.
• 스로틀 : 상승/하강
• 러더 : 좌측면/우측면
• 엘리베이터 : 전진/후진
• 에일러런 : 좌로 이동/우로 이동

정답 01. ③ 02. ① 03. ④ 04. ④ 05. ④ 06. ③

07 배터리 보관방법 중 틀린 것은?

① 장기간 보관 시 만충하여 보관한다.
② 10일 이상 장기간 사용하지 않을 경우 60~70% 정도까지 방전시켜 보관한다.
③ 비행체에서 분리하여 보관한다.
④ 겨울철에는 춥지 않은 따뜻한 장소에 보관한다.

배터리는 장기간 보관 시 40~65% 정도까지 방전을 시킨 후에 보관하도록 한다.

08 멀티콥터의 CG는 어디인가?

① 동체 중앙부분　　② 배터리 장착부분
③ 로터 장착부분　　④ GPS안테나 부분

CG는 항공기 무게중심이므로 멀티콥터에서는 동체 중앙부분이 된다.

09 무인 멀티콥터의 구성품이 아닌 것은?

① 모터와 변속기　　② 속도제어장치
③ 주 로터 블레이드　　④ 로터(프로펠러)

무인 멀티콥터의 구성은 모터와 변속기, 속도제어장치, 로터(프로펠러) 등이 있다.

10 인간이 기계와 다른 점은?

① 새로운 대처방안
② 반복적인 행동
③ 속도가 빠르다.
④ 한꺼번에 많은 것을 처리한다.

인간과 기계 모두 반복적인 행동, 빠른 속도, 한꺼번에 많은 것을 처리하는 것이 가능하지만 기계와는 다르게 인간은 새로운 대처방안을 생각해낼 수 있다.

11 큰 규모의 무인멀티콥터 엔진으로 가장 적절한 것은?

① 전기 모터(브러시리스 직류)
② 전기 모터(브러시 직류)
③ 제트엔진
④ 로터리 엔진

소형 멀티콥터에 적합한 브러시 모터와는 다르게 안전이 중요시 되는 대형 멀티콥터에는 브러시리스 모터가 적절하다.

12 로터(Rotor) 또는 블레이드(Blade)의 정확한 의미로 가장 적절한 것은?

① 항공기나 드론에 추력(추진력, 전방으로 이동하는 힘)을 부여하는 장치
② 항공기나 드론에 양력(공중으로 부양시키는 힘)을 부여하는 장치
③ 항공기나 드론에 항력(공기 중에 저항받는 힘)을 부여하는 장치
④ 항공기나 드론에 중력(중량, 무게)을 부여하는 장치

로터 또는 블레이드는 항공기나 드론에 양력을 부여하는 장치이다.

13 호버링을 할 때 영향을 미치는 요소에 해당하지 않는 것은?

① 자연풍의 영향
② 블레이드가 자체적으로 만들어내는 바람의 영향
③ 기온의 영향
④ 요잉 성능의 영향

수직축을 기준으로 하는 운동을 요오잉(Yawing)이라고 하며, 호버링은 공중에 정지하여 제자리 비행을 하는 것이다. 호버링을 할 때에 요잉 성능은 영향을 미치지 않는다.

정답 07. ① 08. ① 09. ③ 10. ① 11. ① 12. ② 13. ④

14 멀티콥터 조종 시 옆에서 바람이 불고 있을 경우, 기체 위치를 일정하게 유지하기 위해 필요한 조작으로 가장 알맞은 것은?

① 쓰로틀을 올린다.
② 엘리베이터를 조작한다.
③ 에일러런을 조작한다.
④ 랜딩기어를 내린다.

바람이 옆에서 불고 있으므로 에일러런을 조작하여 위치를 일정하게 유지한다.

15 멀티콥터의 기체특성으로 올바른 것은? (단, 회전익의 피치는 고정되어 있다는 것으로 간주한다.)

① 좌우로 이동할 수 없다.
② 후진할 수 없다.
③ 요잉을 할 수 없다.
④ 급격한 강하를 할 수 있다.

멀티콥터는 좌우이동, 후진, 요잉, 급격한 하강을 할 수 있다.

16 대기 속도에 관한 설명으로 가장 올바른 것은?

① 지상에서 본 기체의 상대속도
② 지상에서 본 기류의 상대속도
③ 기체와 대기의 상대속도
④ GPS를 통해 측정한 속도

대기 속도란 항공기의 기체와 주위 공기의 상대속도이다.

17 실속에 대한 설명으로 가장 올바른 것은?

① 기체를 급속하게 감속시키는 것을 말한다.
② 땅 주위를 주행 중인 기체를 정지 시키는 것을 말한다.
③ 날개가 실속 받음각을 초과하여 양력을 잃는 것을 말한다.
④ 대기속도계가 고장이 나서 속도를 알 수 없게 되는 것을 말한다.

실속이란 날개가 받음각이 어느 한도 이상이 되었을 때 날개의 표면에 충격파가 발생하여 급속하게 양력이 줄어들고 항력이 증가되는 상태이다.

18 지면효과에 대한 설명으로 잘못된 것은?

① 지면효과가 발생하면 양력을 상실해 추락한다.
② 기체의 비행으로 인해 밑으로 부는 공기가 지면에 부딪혀 공기가 압축되는 현상
③ 지면효과가 발생하면 더 적은 동력으로 양력을 발생시킬 수 있다.
④ 지면효과가 발생하면 착륙하기 어려워지는 경우가 있다.

지면효과는 지면에 근접하여 항공기를 운용 시 로터로 인해 발생하는 하강풍이 지면과의 충돌로 양력 발생효율이 증대되는 현상을 말한다.

19 헥사콥터의 로터 하나가 비행 중에 회전수가 감소될 경우 발생할 수 있는 현상으로 가장 가능성이 높은 것은?

① 전진을 시작한다.
② 상승을 시작한다.
③ 진동이 발생한다.
④ 요잉현상을 발생하면서 어느 방향으로 회전하게 된다.

로터가 6개인 헥사콥터의 로터 하나가 비행 중에 회전수가 감소될 경우 시계방향으로 도는 로터와 반시계방향으로 도는 로터의 개수가 다르므로 좌측 또는 우측으로 돌게 된다.

20 대기압이 높아지면 양력과 항력은 어떻게 변하는가?

① 양력증가 항력감소
② 양력증가 항력증가
③ 양력감소 항력감소
④ 양력감소 항력증가

대기압이 높아지면 고기압이므로 상승기류가 형성되어 양력이 증가하며, 압력이 높아지므로 추력이 감소하고 항력이 증가한다.

정답 14. ③ 15. ④ 16. ③ 17. ③ 18. ① 19. ④ 20. ②

21 멀티콥터(고정피치)의 조종방법 중 가장 위험을 동반하는 것은?

① 수직으로 상승하는 조작
② 요잉을 반복하는 조작
③ 후진하는 조작
④ 급강하 하는 조작

> 항공기의 강하 혹은 급강하 시에 하강축 주위를 선회하며 비행하는 스핀 현상이 나타날 수 있다.

22 찬 공기와 따뜻한 공기의 세력이 비슷할 때는 전선이 이동하지 않고 오랫동안 같은 장소에 머무르는 전선은?

① 한랭전선
② 온난전선
③ 정체전선
④ 폐색전선

> 전선의 종류는 다음과 같다.
> - 한랭전선 : 무거운 찬 공기가 가볍고 따뜻한 공기 밑으로 들어갈 때 생기는 전선이다.
> - 온난전선 : 따뜻한 공기가 찬 공기가 있는 방향으로 이동하면서 만나게 될 때 생기는 전선이다.
> - 정체전선 : 두 기단의 세력이 비슷할 경우 이동하지 않고 정체되어 있는 전선이다.
> - 폐색전선 : 한랭전선과 온난전선이 겹쳐져 있는 전선이다.

23 고기압에 대한 설명 중 틀린 것은?

① 중심 부근에는 하강기류가 있다.
② 북반구에서의 바람은 시계방향으로 회전한다.
③ 구름이 사라지고 날씨가 좋아진다.
④ 고기압권 내에서는 전선형성이 쉽다.

> 고기압의 중심부근은 기압경도가 비교적 작아서 바람이 약한 편이다. 이로 인해 고기압권내에서는 전선이 형성되기 어렵다.

24 다음 중 공기밀도가 높아지면 나타나는 현상으로 맞는 것은?

① 입자가 증가하고 양력이 높아진다.
② 입자가 증가하고 양력이 감소한다.
③ 입자가 감소하고 양력이 증가한다.
④ 입자가 감소하고 양력이 감소한다.

공기밀도가 높아지면 입자가 증가하므로 양력이 높아진다.

25 저기압에 대한 설명 중 틀린 것은?

① 주변보다 상대적으로 기압이 낮은 부분이다.
② 하강기류에 의해 구름과 강수현상이 있다.
③ 저기압은 전선의 파동에 의해 생긴다.
④ 저기압 내에서는 주위보다 기압이 낮으므로 사방으로 바람이 불어 들어온다.

저기압은 불어 들어오는 바람에 공기가 밀려 중심 부근에서는 상승기류가 생기게 되고, 전선의 파동에 의해 생기기도 한다.

26 다음 물체의 온도와 열에 관한 용어의 정의 중 틀린 것은?

① 물질의 온도가 증가함에 따라 열에너지를 흡수할 수 있는 양은 열량이다.
② 물질 1g의 온도를 1도 올리는데 요구되는 열은 비열이다.
③ 일반적인 온도계에 의해 측정된 온도를 현열이라 한다.
④ 물질을 상위 상태로 변화시키는데 필요한 열에너지를 잠열이라 한다.

용어는 다음과 같다.
• 열량 : 물질의 온도가 증가함에 따라 열에너지를 흡수할 수 있는 양
• 비열 : 물질 1g의 온도를 1도 올리는데 요구되는 열
• 현열 : 물체의 온도가 가열, 냉각에 따라 변화하는 데 필요한 열량
• 잠열 : 물질을 상위 상태로 변화시키는데 필요한 열에너지

정답 21. ④ 22. ③ 23. ④ 24. ① 25. ② 26. ④

27. 다음 중 시정에 직접적인 영향을 미치지 않은 것은?

① 바람
② 안개
③ 황사
④ 연무

시정 장애물은 황사, 연무, 연기와 먼지, 화산재 등이 있다.

28. 맞바람과 뒷바람이 항공기에 미치는 영향 설명 중 틀린 것은?

① 맞바람은 항공기의 활주거리를 감소시킨다.
② 뒷바람은 항공기의 활주거리를 감소시킨다.
③ 뒷바람은 상승률을 저하시킨다.
④ 맞바람은 상승률을 증가시킨다.

뒷바람은 지면에 대한 사람이나 물체의 진행방향과 같은 방향으로 부는 바람으로 항공기의 활주거리를 증가시킨다.

29. 운량의 구분 시 하늘의 상태가 3/8~4/8일 때를 무엇이라 하는가?

① CLR
② SCT
③ BKN
④ OVC

- 0/8일 때 : CLR (Sky Clear)
- 3/8~4/8일 때 : SCT (Scattered)
- 5/8~7/8일 때 : BKN (Broken)
- 8/8일 때 : OVC (Overcast)
- Unknown : Sky Obscured

30. 동력비행장치는 자체 중량이 몇 킬로그램 이하이어야 하는가?

① 70kg
② 100kg
③ 115kg
④ 250kg

동력비행장치는 자체중량이 115kg 이하이고, 좌석이 1개인 동력을 이용하는 고정익 비행장치이다.

31 다음 구름의 종류 중 수직운(3km 미만)의 구름은?

① 적란운　　　　　② 난층운
③ 층운　　　　　　④ 층적운

구름은 다양한 구분 방법에 따라 분류가 된다.
상층운에는 권운, 권적운, 권층운
중층운에는 고적운, 고층운, 난층운
하층운에는 난층운, 층적운, 층운
수직운에는 적운, 적란운이 있다.

32 초경량비행장치 비행계획승인 신청 시 포함되지 않는 것은?

① 비행경로 및 고도
② 동승자의 소지자격
③ 조종자의 비행경력
④ 비행장치의 종류 및 형식

비행계획승인 신청 시에는 비행경로 및 고도, 조종자의 비행경력, 비행장치의 종류 및 형식 등이 포함된다.

33 초경량비행장치의 멸실 등의 사유로 신고를 말소할 경우에 그 사유가 발생한 날부터 몇 일 이내에 한국교통안전공단에게 말소신고서를 제출하여야 하는가?

① 5일　　　　　　② 10일
③ 15일　　　　　 ④ 30일

제123조(초경량비행장치 변경신고 등)
초경량비행장치소유자 등은 제122조 제1항에 따라 신고한 초경량비행장치가 멸실되었거나 그 초경량비행장치를 해체한 경우에는 그 사유가 발생한 날부터 15일 이내에 국토교통부장관에게 말소신고를 하여야 한다.

정답　27. ①　28. ②　29. ②　30. ③　31. ①　32. ②　33. ③

34 국토교통부장관에게 소유신고를 하지 않아도 되는 것은?

① 동력비행장치 ② 초경량 헬리콥터
③ 초경량 자이로플레인 ④ 계류식 무인비행장치

초경량비행장치 신고 제외 대상은 계류식 무인비행장치, 낙하산류 등이 있다.

35 항공시설, 업무, 절차 또는 위험요소의 신설, 운영상태 및 그 변경에 관한 정보를 수록하여 전기통신 수단으로 항공종사자들에게 배포하는 공고문은?

① AIC ② AIP
③ AIRAC ④ NOTAM

항공고시보(NOTAM)은 비행운항에 관련된 종사자들에게 반드시 적시에 인지하여야 하는 항공시설, 업무, 절차 또는 위험의 신설, 운영상태 또는 그 변경에 관한 정보를 수록하여 전기통신 수단에 의하여 배포되는 공고문을 말한다.

36 초경량비행장치 조종자 자격시험에 응시할 수 있는 최소 연령은?

① 만 10세 이상 ② 만 13세 이상
③ 만 14세 이상 ④ 만 18세 이상

초경량비행장치 조종자 자격기준은 연령이 4종의 경우 만 14세 이상인 자이다.

37 초경량비행장치 멀티콥터 조종자 전문교육기관이 확보해야 할 지도조종사의 최소비행시간은?

① 50시간 ② 100시간
③ 150시간 ④ 200시간

초경량비행장치 조종자 전문교육기관의 지정기준 지도조종사의 비행시간은 100시간 이상이다.

38 항공안전법에서 정한 용어의 정의가 맞는 것은?

① 관제구라 함은 평균해수면으로부터 500m 이상 높이의 공역으로서 항공교통의 통제를 위하여 지정 된 공역을 말한다.
② 항공등화라 함은 전파, 불빛, 색채 등으로 항공기 항행을 돕기 위한 시설을 말한다.
③ 관제권이라 함은 비행장 및 그 주변의 공역으로서 항공교통의 안전을 위하여 지정된 공역을 말한다.
④ 항행안전시설이라 함은 전파에 의해서만 항공기 항행을 돕기 위한 시설을 말한다.

용어는 다음과 같다.
- 관제구 : 지표면 또는 수면으로부터 200미터 이상 높이의 공역으로서 항공교통의 안전을 위하여 지정된 공역
- 항공등화 : 불빛을 이용하여 항공기의 항행을 돕기 위한 항행안전시설
- 관제권 : 비행장 또는 공항과 그 주변의 공역으로서 항공교통의 안전을 위하여 지정된 공역
- 항행안전시설 : 항공기가 항행하는 데 이용되는 항행 보조 시설의 총칭으로 시각적 또는 전자적 장치

39 초경량비행장치에 의하여 사고가 발생한 경우 사고조사를 담당하는 기관은?

① 관할 지방항공청
② 항공교통관제소
③ 교통안전공단
④ 항공·철도사고조사위원회

항공·철도 사고조사에 관한 법률 제1조(목적)
이 법은 항공·철도사고조사위원회를 설치하여 항공사고 및 철도사고 등에 대한 독립적이고 공정한 조사를 통하여 사고 원인을 정확하게 규명함으로써 항공사고 및 철도사고 등의 예방과 안전 확보에 이바지함을 목적으로 한다.

정답 34. ④ 35. ④ 36. ① 37. ② 38. ③ 39. ④

40. R-75 제한구역의 설명 중 가장 적절한 것은?

① 서울지역 비행제한구역
② 군 사격장, 공수낙하훈련장
③ 서울지역 비행금지구역
④ 초경량비행장치 전용공역

R-75 제한구역 : 서울지역 비행제한구역

정답 40. ①

초경량비행장치 기출문제 VI

시험일시	년	월	일
기 수		성 명	

01 국토교통부 장관이 정하는 초경량동력비행장치를 사용하여 비행하고자 하는 자는 자격증명이 있어야 한다. 다음 중 초경량동력비행장치의 조종 자격증명을 발행하는 기관으로 맞는 것은?

① 항공안전본부　　② 지방항공청
③ 교통안전공단　　④ 국토교통부

> 한국교통안전공단(TS)에서 초경량동력비행장치의 조종 자격증명을 발행한다.

02 항공종사자는 항공 업무에 지장이 있을 정도의 주정성분이 든 음료를 마실 수 없다. 혈중알코올 농도 제한 기준으로 맞는 것은?

① 혈중알코올농도 0.02% 이상
② 혈중알코올농도 0.06% 이상
③ 혈중알코올농도 0.03% 이상
④ 혈중알코올농도 0.05% 이상

> 우리나라의 경우 항공종사자의 혈중 알코올 농도 제한 기준은 0.02% 이상이다.
> 항공안전법 제57조(주류등의 섭취 및 사용 제한)
> 주류등의 영향으로 초경량비행장치조종자의 업무를 정상적으로 수행할 수 없는 상태의 기준은 다음과 같다.
> -주정성분이 있는 음료의 섭취로 혈중 알코올농도가 0.02% 이상인 경우

03 우리나라 항공기 국적기호는 무엇인가?

① KAL　　② HL
③ K　　　④ N

> 우리나라 항공기 국적기호는 HL이다.

정답　01. ③　02. ①　03. ②

04 대기권 중 기상 변화가 일어나는 층으로 상승할수록 온도가 하강되는 층은 다음 어느 것인가?

① 성층권 ② 중간권
③ 열권   ④ 대류권

> 대류권은 대부분의 기상 현상이 일어나는 곳이며, 태양 복사열과 지구 복사열로 인하여 고도가 높아질수록 기온은 감소한다.

05 기압고도(pressure altitude)란 무엇을 말하는가?

① 항공기의 지표면의 실측 높이이며 "AGL" 단위를 사용한다.
② 고도계 수정치를 표준 대기압(29.92″HG)에 맞춘 상태에서 고도계가 지시하는 고도
③ 기압고도에서 비표준 온도와 기압을 수정해서 얻은 고도이다.
④ 고도계를 해당 지역이나 인근 공항의 고도계 수정치 값에 수정했을 때 고도계가 지시하는 고도

> 기압고도 : 고도계를 표준대기압 29.92in-Hg 또는 1013.25mb에 맞춘 상태에서 고도계에 표시된 고도

06 다음 보기에서 항공기의 진로 우선순위 중 맞는 것은?

```
A. 지상에 있어서 운행 중인 항공기
B. 착륙을 위하여 최종진입의 진로에서 있는 항공기
C. 착륙 조작을 행하고 있는 항공기
D. 비행 중의 항공기
```

① D-C-A-B   ② B-A-C-D
③ C-B-A-D   ④ B-C-A-D

> 착륙하는 항공기를 진로 우선순위로 한다.

07 베르누이 정리에서 일정한 것은?
① 정압　　　　　② 전압
③ 동압　　　　　④ 전압과 동압의 합

> 베르누이 정리에서 이상 유체의 정상 흐름에서의 전압은 정압과 동압의 합으로 항상 일정하다고 정의하였다.

08 비행기에 고정 피치 프로펠러를 장착하고 시험운전 중 진동이 느껴졌다. 다음 중 추정되는 원인으로 맞는 것은?
① 프로펠러 장착 볼트의 조임치가 일정하지 않다.
② 프로펠러의 표면이 거칠다.
③ 엔진 출력에 비해 큰 마력 수에 적당한 프로펠러를 장착했다.
④ 프로펠러의 장착과는 관계없다.

09 다음 초경량비행장치 중 인력 활공기에 해당하는 것은?
① 비행선　　　　② 패러플레인
③ 행글라이더　　④ 자이로플레인

10 다음 중 항공장애등의 종류로 틀리는 것은?
① 저광도 항공장애등
② 중광도 항공장애등
③ 고광도 항공장애등
④ 주간 장애표식

> 항공장애등은 야간항공에 장애가 될 수 있는 높은 건축물이나 위험물의 존재를 알리기 위한 등으로 주간 장애표식은 포함되어있지 않다.

정답　04. ④　05. ②　06. ③　07. ②　08. ①　09. ③　10. ④

11 왕복엔진의 윤활유의 역할이 아닌 것은?

① 기밀　　② 윤활　　③ 냉각　　④ 방빙

> 왕복엔진의 윤활유는 기밀, 윤활, 냉각의 역할을 한다.
> - 기밀 : 용기에 넣은 기체나 액체가 누출되지 않도록 밀폐하는 것
> - 윤활 : 마찰이나 마모를 줄이는 것
> - 냉각 : 식혀서 차게 만드는 것
> - 방빙 : 항공기의 빙결을 막는 것

12 초경량비행장치의 운용시간은 언제부터 언제인가?

① 일출부터 일몰 30분 전까지
② 일출부터 일몰까지
③ 일출 20분 후부터 일몰까지
④ 일출 20분 후부터 일몰 30분 전까지

> 제129조(초경량비행장치 조종자 등의 준수사항)
> (생략)…다음의 어느 하나에 해당하는 행위를 하여서는 아니 된다.
> －일몰 후부터 일출 전까지의 야간에 비행하는 행위

13 리튬폴리머(Li-Po) 배터리 취급/보관방법으로 부적절한 설명은?

① 배터리가 부풀거나 누유 또는 손상된 상태일 경우에는 수리하여 사용한다.
② 빗속이나 습기가 많은 장소에 보관하지 말아야 한다.
③ 정격 용량 및 장비별 지정된 정품 배터리를 사용해야 한다.
④ 배터리는 －10도씨~40도씨의 온도 범위에서 사용한다.

> 리튬폴리머 배터리가 부풀거나 누유 또는 손상된 상태일 경우 교체를 해주는 것이 좋다.

14 항공교통관제업무는 항공기간의 충돌방지, 항공기와 장애물 간의 충돌방지 및 항공교통의 촉진 및 질서유지를 위해 행하는 업무이다. 다음 중 이에 속하지 않는 것은?

① 비행장 관제업무
② 접근 관제업무
③ 항로 관제업무
④ 조난 관제업무

> 항공교통관제업무는 항공교통의 촉진 및 질서유지를 위해 행하는 업무이므로 조난 관제업무는 포함하지 않는다.

15 다음 중 날개의 받음각에 대한 설명이다. 틀린 것을 고르시오.

① 기체의 중심선과 날개의 시위선이 이루는 각이다.
② 날개 골에 흐르는 공기의 흐름 방향과 시위선이 이루는 각이다.
③ 받음각이 증가하면 일정한 각까지 양력과 항력이 증가한다.
④ 비행 중 받음각은 변할 수 있다.

> 받음각은 반대방향인 공기흐름의 속도방향과 날개의 시위선이 만드는 사이의 각을 말한다.

16 다음의 설명에 해당하는 것은?

- 소음의 발생을 억제한다.
- 동력용 엔진의 배기구에 결합되며 엔진의 열의 발열을 감소시키는 역할도 한다.
- 비행 직후에는 많은 열을 발생시켜 주의가 필요하다.

① 메인 블레이드
② 테일 블레이드
③ 연료 탱크
④ 머플러

> 머플러는 소음의 발생을 억제하고 동력의 엔진의 배기구에 결합되어 엔진의 발열을 감소시킨다. 비행 직후에는 많은 열을 발생시켜 주의가 필요하다.

정답 11. ④ 12. ② 13. ① 14. ④ 15. ① 16. ④

17 방사 안개라고도 하며 습윤한 공기로 덮여 있는 지표면이 방사 방열한 결과로 하층부터 냉각되어 포화상태에 도달하여 발생하는 안개는?

① 증기안개
② 땅안개
③ 활승안개
④ 계절풍 안개

용어의 뜻은 다음과 같다.
- 증기안개 : 찬 공기가 따뜻한 수면위로 이륙할 때 생기는 안개
- 땅안개 : 방사 안개라고도 하며 하층부터 냉각되어 포화상태에 도달하여 발생하는 안개
- 활승안개 : 습윤한 공기가 산비탈을 따라 빠르게 상승하면서 냉각되고 포화되어 응결이 일어난 안개
- 계절풍안개 : 계절풍에 의해서 바다와 육지 경계부에서 발생하는 안개

18 초경량동력비행장치를 사용하면서 법으로 정한 보험에 가입하여야 하는 경우이다. 어느 것인가?

① 영리목적으로 사용하는 동력비행장치
② 동호인이 공동으로 사용한 패러글라이더
③ 국제대회에 사용하고자 하는 행글라이더
④ 모든 초경량비행장치

영리목적으로 사용하는 동력비행장치의 경우 법으로 정한 보험에 가입하여야 한다.

19 항공기의 정의로써 옳게 설명한 것은?

① 민간항공에 사용되는 대형 항공기를 말한다.
② 민간항공에 사용할 수 있는 비행기, 비행선, 활공기 회전익 항공기 기타 대통령으로 정한 것으로서 비행에 사용하는 항공우주선
③ 민간항공에 사용하는 비행선과 활공기를 제외한 모든 것
④ 활공기, 회전익항공기, 비행기, 비행선을 말한다.

항공기는 비행기·글라이더·헬리콥터·비행선·기구 등 공중에 날 수 있는 모든 비행체이다.

20 항공로 지정은 누가 하는가?
① 국토교통부장관　　② 대통령
③ 지방항공청장　　　④ 국제민간항공기구

국토교통부 장관은 항공기의 항행에 적합한 공중의 통로를 항공로로 지정하여 이를 공고한다.

21 항공기에 복합소재를 사용하는 가장 주된 이유는?
① 금속보다 저렴하기 때문에
② 금속보다 오래 견디기 때문에
③ 금속보다 가볍기 때문에
④ 열에 강하기 때문에

금속보다 가볍기 때문에 항공기에 주로 복합소재를 사용한다.

22 무인비행장치 운용에 따라 조종자가 작성할 문서가 아닌 것은?
① 비행훈련기록부　　② 항공기 이력부
③ 조종자 비행기록부　④ 정기검사 기록부

조종자는 무인비행장치 운용 시 비행훈련기록부, 항공기 이력부, 조종자 비행기록부 등을 작성하여야 한다.

23 대부분의 기상이 발생하는 대기의 층은?
① 대류권　　② 성층권
③ 중간권　　④ 열권

대류권은 대부분의 기상 현상이 일어나는 곳이다.

정답　17. ②　18. ①　19. ④　20. ①　21. ③　22. ④　23. ①

24 다음에 열거한 것은 항력의 종류이다. 초경량동력비행 장치에서 발생하지 않는 항력은 어느 것인가?

① 마찰항력　　　　　② 압력항력
③ 유도항력　　　　　④ 조파항력

용어의 뜻은 다음과 같다.
- 마찰항력 : 항공기 표면을 따라 흐르는 공기 등 유체의 점성으로 인해 생기는 저항
- 압력항력 : 항공기가 비행 시 항공기의 표면에 수직으로 작용하는 압력 분포의 차이에 의해 생긴 항력
- 유도항력 : 멀티콥터가 양력을 발생할 때 동반되는 와류에 의해 발생되는 항력
- 조파항력 : 초음파 흐름에서 공기의 압축성 효과로 생기는 충격파에 의해 발생하는 항력

25 겨울에는 대륙에서 해양으로, 여름에는 해양에서 대륙으로 부는 바람을 무엇이라 하는가?

① 편서풍　　　　　② 계절풍
③ 해풍　　　　　　④ 대륙풍

용어의 뜻은 다음과 같다.
- 편서풍 : 서에서 동으로 부는 띠모양의 바람
- 계절풍 : 1년을 주기로 여름과 겨울에 대륙과 해양의 온도차로 인해 풍향이 바뀌는 바람
- 해풍 : 하루를 주기로 하여 지표면의 기온 차에 의해서 발생하는 국지풍
- 대륙풍 : 대륙에서 해양 쪽으로 부는 바람

26 연료탱크는 온도 팽창을 고려하여 여유 공간이 있어야 하는데 어느 정도의 여유 공간이 필요한가?

① 2% 이상　　　　　② 4% 이상
③ 6% 이상　　　　　④ 8% 이상

연료탱크는 온도 팽창을 고려하여 2% 이상의 여유 공간이 필요하다.

27 초경량비행장치로 비행 중 정면 또는 이와 유사하게 접근하는 다른 초경량비행장치를 발견하였다. 적절한 비행방법으로 맞는 것은?

① 지면에 충돌 위험이 없는 범위 내에서 상대 비행장치의 아래쪽으로 진행하여 교차 한다.
② 상대 비행 장치가 나는 쪽으로 기수를 바꿀 것 이므로 나는 오른쪽으로 기수를 바꾼다.
③ 상대 비행장치의 진로 변경을 알 수 없으므로 상대 비행 장치가 기수를 바꿀 때까지 현재 상태를 유지한다.
④ 신속하게 상대 비행 장치의 진로를 신속히 파악하여 같은 진로로 기수를 변경한다.

초경량비행장치로 비행 중 상대 비행 장치를 발견하였을 경우 오른쪽으로 기수를 바꾼다.

28 다음 중 2차 조종면(부조종면)이 아닌 것은?
① 플랩   ② 방향타
③ 스포일러   ④ 슬랫

2차 조종면은 1차 조종면이 아닌 항공기 움직임을 도와주는 조종면이다.
2차 조종면에는 Tab, Wing Flap, Wing Slat, Speer Break, Spoiler가 있다.

29 기업 고도계를 구비한 비행기가 일정한 계기 고도를 유지하면서 기압이 낮은 곳에서 높은 곳으로 비행할 때 기압 고도계의 지침 상태는?

① 실제 고도보다 높게 지시한다.
② 실제 고도와 일치한다.
③ 실제 고도보다 낮게 지시한다.
④ 실제 고도보다 높게 지시한 후에 서서히 일치한다.

정답 24. ④ 25. ② 26. ① 27. ② 28. ② 29. ③

30
빠른 한랭전선이 온난전선에 따라 붙어 합쳐서 중복된 부분을 무슨 전선이라 부르는가?

① 정체전선
② 대류성 한냉전선
③ 북태평양 고기압
④ 폐색전선

용어는 다음과 같다.
- 정체전선 : 장마전선이라고도 하며, 두 기단의 세력이 비슷할 경우 이동하지 않고 정체되어 있는 전선
- 대류성 한냉전선 : 무거운 찬 공기가 가볍고 따뜻한 공기 밑으로 들어갈 때 생기는 전선
- 북태평양 고기압 : 온난 고기압의 대표적인 것
- 폐색전선 : 한랭전선과 온난전선이 겹쳐져 있는 전선

31
주로 봄과 가을에 이동성 고기압과 함께 동진해 와서 따뜻하고 건조한 일기를 나타내는 기단은?

① 오호츠크해기단
② 양쯔강기단
③ 북태평양기단
④ 적도기단

용어는 다음과 같다.
- 오호츠크해기단 : 오호츠크해의 낮은 온도에서 발생한 해양성 한랭습윤기단
- 양쯔강기단 : 봄과 가을에 나타나며 대륙성 열대기단으로 온난건조한 기단
- 북태평양기단 : 우리나라 여름철에 주로 영향을 주는 북태평양에서 형성된 해양성 열대기단
- 적도기단 : 우리나라 초여름에 나타나며 적도 지방의 무풍대에서 발생되는 고온다습한 해양성기단

32
무인비행장치 조종자로서 갖추어야 할 소양이라 할 수 없는 것은?

① 정신적 안정성과 성숙도
② 정보처리능력
③ 급함과 다혈질적 성격
④ 빠른 상황판단 능력

무인비행장치 조종자로서 정신적 안정성과 성숙도, 정보처리능력, 빠른 상황판단 능력 등의 소양을 갖추어야 한다.

33 다음 중 초경량비행장치가 비행하고자 할 때의 설명으로 맞는 것은?

① 주의 공역은 지방항공청장의 비행계획 승인만으로 가능하다.
② 통제공역의 비행계획 승인을 신청할 수 없다.
③ 관제공역, 통제공역, 주의공역은 관할 기관의 승인이 있어야 한다.
④ CTA(CIVIL TRAINING AREA) 비행승인 없이 비행이 가능하다.

> 초경량비행장치가 비행할 때 관제공역, 통제공역, 주의공역은 관할 기관의 승인이 있어야 한다.

34 응력 외피형 구조형식에서 외피(SKIN)가 주로 담당하는 응력은?

① 굽힘력   ② 비틀림력
③ 전단력   ④ 인장력

35 받음각이 변하더라도 모멘트의 계수 값이 변하지 않는 점을 무슨 점이라 하는가?

① 공기력 중심   ② 압력 중심
③ 반력 중심   ④ 중력 중심

36 공기밀도는 습도와 기압이 변화하면 어떻게 되는가?

① 공기밀도는 기압에 비례하고 습도에 반비례 한다.
② 공기밀도는 기압과 습도에 비례하면 온도에 반비례한다.
③ 공기밀도는 온도에 비례하고 기압에 반비례 한다.
④ 온도와 기압의 변화는 공기밀도와는 무관한다.

> 기압은 단위면적당 쌓은 공기로 이루어진 기둥의 무게이므로 공기밀도는 기압에 비례하며 상대적으로 주변보다 기압이 높은 고기압이 형성된다. 중심부근의 하강기류로 인해 습도는 반비례하게 된다.

정답 30. ④ 31. ② 32. ③ 33. ③ 34. ② 35. ① 36. ①

37 무인비행장치 비행모드 중에서 자동복귀에 대한 설명으로 맞는 것은?

① 자동으로 자세를 잡아주면서 수평을 유지시켜주는 비행모드
② 자세제어에 GOS를 이용한 위치제어가 포함되어 위치와 자세를 잡아준다.
③ 설정된 경로에 따라 자동으로 비행하는 비행모드
④ 비행 중 통신 두절 상태가 발생했을 때 이륙위치나 이륙 전 설정한 위치로 자동 복귀한다.

복귀 버튼을 누르면 처음 작동을 시작했던 곳으로 무인비행장치가 되돌아온다.

38 무인비행장치들이 가지고 있는 일반적인 비행 모드가 아닌 것은?

① 수동모드(Manual Mode)
② 고도제어모드(Altitude Mode)
③ 자세제어모드(Attitude Mode)
④ GPS모드(GOS Mode)

무인비행장치는 주로 수동모드, 자세제어모드, GPS모드를 갖고 있다.

39 착빙(icing)에 대한 설명 중 틀린 것은?

① 양력과 무게를 증가시켜 추진력을 감소시키고 항력은 증가시킨다.
② 거친 착빙도 항공기 날개의 공기 역학에 심한 영향을 줄 수 있다.
③ 착빙은 날개뿐만 아니라 Carburetor, Pitot관 등에도 발생한다.
④ 습한 공기가 기체 표면에 부딪치면서 결빙이 발생하는 현상

착빙은 물체의 표면에 얼음이 달라붙어 생기는 현상인데, 날개 표면에 착빙이 발생하였다면 저항이 증가하여 엔진 기능의 저하를 불러일으킬 수 있다.

40 비행기가 항력을 이기고 전진하는데 필요한 마력을 무엇이라 하는가?
① 이용 마력
② 여유 마력
③ 필요 마력
④ 제동 마력

용어는 다음과 같다.
- 이용 마력 : 이동 가능한 동력
- 여유 마력 : 필요 마력과 이용마력의 차
- 필요 마력 : 일정 비행 속도를 유지하는 데 필요한 마력
- 제동 마력 : 제동기로 멈추게 할 때의 힘의 마력

초경량비행장치 기출문제 VII

시험일시	년	월	일
기 수		성 명	

01 항력(DRAG)에 대한 설명 중 틀린 것은?

① 유해 항력은 항공기 속도가 증가할수록 증가한다.
② 유도 항력은 항공기 속도가 증가할수록 증가한다.
③ 전체 항력이 최소일 때의 속도로 비행하면 항공기는 가장 멀리 날아갈 수 있다.
④ 받음각(AOA)이 증가하면 유도 항력도 증가한다.

02 왕복기관을 분류하는 방법 중 현재 가장 많이 사용하는 방식으로 짝지어진 것은?

① 행정수와 냉각 방법
② 행정수와 실린더 배열
③ 냉각방법과 실린더 배열
④ 실린더 배열과 사용 연료

> 공랭식 방법은 엔진 주위에 흐르는 공기를 이용하여 고온의 실린더를 냉각시키는 방법으로 정비가 쉬우며, 제작비가 저렴하고 가벼운 장점이 있어 대부분의 초경량비행장치 엔진에 많이 사용되고 있다.

03 다음 중 항공안전법의 목적과 관계없는 것은?

① 대한민국 항공사업의 체계적인 성장
② 항공 항행의 안전도모
③ 생명과 재산을 보호
④ 항공기술 발전에 이바지

> ①은 항공사업법의 목적

04 주간에 산 사면이 햇빛을 받아 온도가 상승하여 산 사면을 타고 올라가는 바람을 무엇이라 하는가?

① 산풍
② 곡풍
③ 육풍
④ 푄현상

용어는 다음과 같다.
- 산풍 : 밤에는 산비탈을 타고 내려가는 바람
- 곡풍 : 낮에는 산비탈을 타고 올라가는 바람
- 육풍 : 육지와 바다의 온도차 때문에 육지에서 바다를 향해 부는 바람
- 푄현상 : 습윤한 공기가 산맥 등을 넘어갈 때 고온 건조한 바람으로 바뀌게 되는 현상

05 정압을 이용하는 계기가 아닌 것은?

① 속도계
② 고도계
③ 선회계
④ 승강계

동정압계기는 비행장치 주위에 흐르는 공기의 압력을 측정하여 압력의 크기와 변화를 나타내주는 계기로 고도계, 속도계, 승강계 등이 있다. 고도계와 승강계는 정압공에서 측정된 공기의 정압을 이용하고, 속도계는 피토튜브에서 측정되는 공기의 전압과 정압공에서 측정된 정압을 이용하여 측정된다.

06 진고도(Ture altitude)란 무엇을 말하는가?

① 항공기와 지표면의 실측 높이이며 "AGL" 단위를 사용한다.
② 고도계 수정치를 표준 대기압(29.92″Hg)에 맞춘 상태에서 고도계가 지시하는 고도
③ 평균 해수면 고도로부터 항공기까지의 실제 높이
④ 고도계를 해당 지역이나 인근, 공항의 고도계 수정치 값에 수정했을 때 고도계가 지시하는 고도

평균 해수면 고도로부터 항공기까지의 실제 높이를 진고도라고 한다.

정답 01. ② 02. ③ 03. ① 04. ② 05. ③ 06. ③

07 공기의 온도가 증가하면 기압이 낮아지는 이유?

① 가열된 공기는 가볍기 때문이다.
② 가열된 공기는 무겁기 때문이다.
③ 가열된 공기는 유동성이 있기 때문이다.
④ 가열된 공기는 유동성이 없기 때문이다.

> 공기의 온도가 증가하면 가열된 공기는 가벼워져 상승하고, 단위 면적당 공기의 양이 줄기 때문에 기압이 낮아진다.

08 따뜻한 해수면 위를 덮고 있던 기단이 차가운 해면으로 이동했을 때 발생하는 안개는?

① 방사 안개　　　　　② 활승 안개
③ 증기 안개　　　　　④ 바다 안개

> 용어는 다음과 같다.
> - 방사 안개 : 지표면에서 열이 방출되어 땅이 차가워져 바닥이 지면에 접하고 있는 수증기를 많이 포함한 공기를 차게 함으로써 발생하는 안개
> - 활승 안개 : 습윤한 공기가 완만한 경사면을 빠르게 상승하면서 냉각이 발생하는 안개
> - 증기 안개 : 차가운 공기가 상대적으로 따뜻한 수면으로 이동하면서 충분한 양의 증발이 일어나면서 수증기가 첨가되어 발생하는 안개
> - 바다 안개 : 해면의 급속한 증발에 의해 생긴 수증기가 서늘한 공기 속에서 즉시 응결되어 생긴 안개

09 다음 중 대기권에서 전리층이 존재하는 곳은?

① 중간권　　　　　② 열권
③ 극외권　　　　　④ 성층권

> 열권은 태양 에너지에 의해 공기 분자가 이온화되어 자유전자가 밀집되어 전리층이라고 불린다.

10 다음의 조종면 중에서 기체의 수직안정판이 작동되며 기체의 빗놀이(Yawing)운동을 주는 것은 어느 것인가?

① 방향타(Rudder) 또는 방향키
② 도움날개(Ailerons) 또는 보조익
③ 승강타(Elevator) 또는 승강키
④ 러더 트림(Rudder trim)

> 수직안정판은 항공기 방향안정성에 가장 큰 역할을 하므로 방향타 또는 방향키가 기체의 빗놀이 운동을 준다.

11 대기권을 고도에 따라 낮은 곳부터 높은 곳까지 순서대로 분류한 것은?

① 대류권 – 성층권 – 열권 – 중간권
② 대류권 – 중간권 – 열권 – 성층권
③ 대류권 – 중간권 – 성층권 – 열권
④ 대류권 – 성층권 – 중간권 – 열권

> 대기권은 낮은 곳부터 높은 곳까지 순서대로 대류권 – 성층권 – 중간권 – 열권 순서이다.

12 비행성능에 영향을 주는 요소들로써 틀리게 설명한 것은?

① 공기밀도가 낮아지면 엔진 출력이 나빠지고 프로펠러 효율도 떨어진다.
② 습도가 높으면 공기밀도가 낮아져 양력 발생이 감소된다.
③ 습도가 높으면 밀도가 낮은 것 보다 엔진 성능 및 이, 착륙 성능이 더욱 나빠진다.
④ 무게가 증가하면 이, 착륙시 활주 거리가 길어지고 실속속도도 증가한다.

정답 07. ① 08. ④ 09. ② 10. ① 11. ④ 12. ③

13. 다음 중 올바르게 설명된 것은?

① 고도계(altimeter)는 피토트 압력(pitot pressure)에 작동된다.
② 속도계는 피토트와 정압에 의하여 작동된다.
③ 수직속도계는 피토트 압력에 의하여 작동된다.
④ 고도계는 정압과 동압에 의하여 작동된다.

고도계와 수직속도계는 정압에 의해 작동되며, 속도계는 피토트와 정압에 의하여 작동된다.

14. 다음의 조종면 중에서 날개의 양 끝 뒷부분에 부착되어 조종간(control stick)에 의해 작동되며 기체를 좌 또는 우로 기울여 경사각을 주는 것은 어느 것인가?

① 방향타(Rudder) 또는 방향키
② 도움날개(Ailerons) 또는 보조익
③ 승강타(Elevator) 또는 승강기
④ 러더 트림(Rudder trim)

에일러론 : 보조익이라고도 부르며 주날개의 후연부 바깥쪽에 부착되어 있다. 좌측으로 선회할 경우 좌측 에일러론은 윗 방향으로 움직여 좌측날개를 아래로 경사지게 만들고, 우측 에일러론은 아랫방향으로 움직여 우측 날개를 위로 밀어 올려 타면 조종형비행장치는 좌로 선회하게 된다.

15. 항공기 날개가 끝으로 갈수록 워시 아웃(wash out)한 이유는 무엇인가?

① 날개 접합부 실속을 방지하기 위해
② 자전을 일으키기 쉽게 하여 조종성을 좋게 한다.
③ 익단 실속을 방지하기 위해
④ 익단 실속이 빨리 일어나도록 한다.

일반적인 익형은 낮은 받음각에서는 양력이 무게중심점 뒤로 이동하므로 보다 깊게 급강하 하려는 성질이 있으며, 높은 받음각에서는 무게 중심점이 앞으로 이동되므로 받음각이 계속 커지게 된다. 이러한 불안정한 익형에 대해서 날개 끝으로 갈수록 워시 아웃하여 익단 실속을 방지한다.

16 윤활유의 작용(기능)이 아닌 것은?

① 마찰 감소 및 마멸 방지 ② 밀봉 작용
③ 방청, 냉각 작용 ④ 소음방지 및 오일 제거 작용

> 윤활유는 윤활(마찰 감소 및 마멸 방지), 기밀(밀봉), 방청, 냉각(차게 만듬) 작용 등의 기능이 있다.

17 다음 중 풍속의 단위가 아닌 것은?

① m/s ② kph
③ knot ④ mile

> • m/s : 초 당 미터
> • kph : 시간 당 킬로미터
> • knot : 시간 당 해리, 곧 1,852미터
> • mile : 거리 단위

18 뇌우의 활동 단계 중 그 강도가 최대이고 밑면에서는 강수현상이 나타나는 단계는 어느 단계인가?

① 생성 단계 ② 누적 단계
③ 성숙 단계 ④ 소멸 단계

> 뇌우는 성숙 단계에서 심한 난류 현상이 일어나며 강수현상을 동반한 강한 하강 기류가 발생한다.

19 배터리를 떼어낼 때의 순서는?

① 아무거나 무방하다. ② 동시에 떼어낸다.
③ +극을 먼저 떼어낸다. ④ －극을 먼저 떼어낸다.

> 일부를 제외한 전체가 배터리와 연결된 상태로 볼 수 있으므로 이 상태에서는 본체 어느 부분에 닿는 순간 쇼트가 발생한다. 따라서 배터리는 음극을 먼저 떼어낸다.

정답 13. ② 14. ② 15. ③ 16. ④ 17. ④ 18. ③ 19. ④

20 베르누이 정리에서 유체의 속도와 압력과의 관계는?

① 유체의 속도가 빨라지면 정압이 감소한다.
② 유체의 속도가 빨라지면 정압이 증가한다.
③ 유체의 속도가 빨리지면 동압이 감소한다.
④ 유체의 속도가 빨리지면 전압이 감소한다.

> 베르누이 정리는 유체의 위치에너지와 운동에너지의 합이 항상 일정하다는 공식이다. 따라서 유체의 속도가 빨라지면 정압이 감소한다.

21 자격증명 취소 사유가 아닌 것은?

① 자격증을 분실한 후 1년이 경과하도록 분실 신고를 하지 않은 경우
② 항공법을 위반하여 벌금 이상의 형을 선고 받은 경우
③ 고의 또는 중대한 과실이 있는 경우
④ 항공법에 의한 명령에 위반한 경우

> 항공안전법 시행규칙 제306조(초경량비행장치의 조종자 증명 등)에 의하여 항공법을 위반하여 벌금 이상의 형을 선고 받은 경우, 고의 또는 중대한 과실이 있는 경우, 항공법에 의한 명령에 위반한 경우 자격증명이 취소될 수 있다.

22 영리를 목적으로 초경량비행장치를 이용하여 초경량비행장치 비행 제한공역을 승인 없이 비행을 한자의 처벌로 맞는 것은?

① 벌금 500만원 이하
② 벌금 200만원 이하
③ 1년 이하의 징역 또는 1000만원 이하의 벌금
④ 과태료 300만원 이하

> 항공안전법 제161조 제5항에 의하여 국토교통부령으로 정하는 구역 및 고도에서 국토교통부 장관의 승인을 받지 아니하고 초경량비행장치를 이용하여 비행한 자에게는 200만원 이하의 벌금에 처한다.

23 리튬폴리머 배터리 사용상의 설명으로 적절한 것은?
① 비행 후 배터리 충전은 상온까지 온도가 내려간 상태에서 실시한다.
② 수명이 다 된 배터리는 그냥 쓰레기들과 같이 버린다.
③ 여행시 배터리는 화물로 가방에 넣어서 운반이 가능하다.
④ 가급적 전도성이 좋은 금속 탁자 등에 두어 보관한다.

> 배터리의 표면온도가 높을 때에는 충전을 하지 말아야 하며 상온까지 온도가 내려간 후에 한다.

24 다음 중 피스톤 링의 작용이 아닌 것은?
① 마모 작용
② 열전도 작용
③ 연소실 새는 오일 방지
④ 기밀(밀봉)작용

> 피스톤 링은 열전도, 연소실 새는 오일 방지, 기밀(밀봉) 등의 작용을 한다.

25 항공기 사고를 보고해야 할 의무가 있는 자는?
① 기장
② 항공기 소유자
③ 정비사
④ 기장 및 항공기의 소유자

> 기장 및 항공기의 소유자는 항공기 사고 시 보고를 해야 할 의무가 있다.

26 윤활유 성질을 나타내는 중요한 것은?
① 점도
② 습도
③ 온도
④ 열효율

> 윤활유의 점도는 온도의 영향을 크게 받아 기관의 온도에 따라 점도가 달라지게 되므로 점도가 윤활유의 성질을 잘 나타낸다.

정답 20. ① 21. ① 22. ② 23. ① 24. ① 25. ④ 26. ①

27 실린더의 냉각능력과 가장 관계가 깊은 것은?

① 밸브의 각도
② 실린더 냉각핀의 면적
③ 엔진으로 유입되는 공기량
④ 피스톤 링의 수

공랭식 방법은 엔진 주위에 흐르는 공기를 이용하여 고온의 실린더를 냉각시키는 방법이기 때문이므로 실린더의 냉각능력은 유입되는 공기량과 가장 관계가 깊다.

28 키울링(cowling)의 뒤쪽에 열고 닫을 수 있는 문을 설치하여 냉각공기의 양을 조절하여 냉각을 조절하는 부품은 무엇인가?

① 냉각핀　　　　　　② 디플렉터
③ 공기 흡입 덕트　　④ 카울 플랩

- 냉각핀 : 공랭식 기관에서 실린더, 실린더 헤드 등에 부착되어 있으며 냉각작용을 증대하는 역할
- 디플렉터 : 주축을 따라 흐르는 액체를 밖으로 내보내거나 이물질이 들어오지 않도록 부착한 둥근 테
- 공기 흡입 덕트 : 흡입 덕트의 모양이나 면적을 변화시킬 수 있는 흡입구
- 카울 플랩 : 엔진부로 유입되는 공기량을 조절하여 엔진의 온도를 조절하는 것. 엔진 카울링에 위치한다.

29 초경량비행장치 조종자 전문교육기관 지정기준으로 맞는 것은?

① 비행시간 100시간 이상인 지도조종자 1명 및 비행시간 150시간 이상인 실기평가 조종자 1명 보유
② 비행시간 300시간 이상인 지도조종자 2명 보유
③ 비행시간 200시간 이상인 실기평가조종자 1명 보유
④ 비행시간 300시간 이상인 실기평가조종자 2명 보유

비행시간 100시간 이상인 지도조종자 1명 및 비행시간 150시간 이상인 실기평가 조종자 1명을 보유한 경우 초경량비행장치 조종자 전문교육기관으로 지정된다.

30. 안전성인증검사를 받지 않은 초경량비행장치를 비행에 사용하다 적발되었을 경우 부과되는 과태료는?

① 200만원 이하의 과태료 ② 300만원 이하의 과태료
③ 400만원 이하의 과태료 ④ 500만원 이하의 과태료

> 항공안전법 제166조(과태료)에 의하여 안전성인증을 받지 아니하고 비행한 자에게는 500만원 이하의 과태료가 부과된다.

31. 왕복기관의 실제 점화 시기는 언제인가?

① 압축행정 – 상사점 전 ② 흡인행정 – 하사점 전
③ 압축행정 – 상사점 후 ④ 흡입행정 – 하사점 후

> 팽창행정은 압축행정 종료 직전, 점화플러그의 중심전극과 접지전극 간에 고압 전류가 흐를 때 발생되는 전기 불꽃에 의해 혼합기가 점화하여 폭발적으로 연소되면서 시작되므로, 압축행정-상사점 전에 실제 점화된다.

32. 영각(받음각)이 커지면 풍압 중심은 일반적으로 어떻게 되는가?

① 앞전 쪽으로 이동한다.
② 뒤전 쪽으로 이동한다.
③ 기류의 상태에 따라 전면이나 뒷전 쪽으로 이동한다.
④ 풍압 중심은 영각에 무관하게 일정한 위치가 된다.

> 영각(받음각)이 커지면 풍압 중심은 앞전 쪽으로 이동한다.

33. 초경량비행장치의 자격증명 응시자격 1종~3종 연령은?

① 만 14세   ② 만 16세
③ 만 18세   ④ 만 20세

> • 초경량비행장치의 자격증명 응시자격 연령은 만14세 이상이다.
> • 4종은 만 10세 이상이다.

정답 27. ③ 28. ④ 29. ① 30. ④ 31. ① 32. ① 33. ①

34
항공안전법에 대한 내용 중 바르지 못한 것은?

① 국제 민간 항공조약의 규정과 동 조약의 부속서로서 채택된 표준과 방식에 따른다.
② 항공기 항행의 안전을 도모하기 위한 방법을 정한 것이다.
③ 시행령과 시행규칙은 국토부령으로 제정되었다.
④ 항공기술 발전에 이바지

시행령은 대통령령, 시행규칙은 국토교통부령으로 제정되었다.

35
초경량 동력비행장치의 항공기의 통행 우선순위로 맞는 것은?

① 모든 항공기와 초경량 무동력비행장치에 대해 진로를 양보해야 한다.
② 항공기보다 우선하면 초경량 무동력비행장치에 대해 진로를 양보해야 한다.
③ 초경량 무동력비행장치 보다 우선하여 항공기에 대해 진로를 양보해야 한다.
④ 모든 항공기와 무동력 초경량비행장치 보다 진로에 우선권이 있다.

모든 항공기와 초경량 무동력비행장치에 대해 진로를 양보해야 한다.

36
왕복기관에서 압축비란 무엇인가?

① 압축행정과 흡입행정에서의 피스톤 운동거리의 비율이다.
② 연소(폭발)행정과 배기행정에서의 연소실 압력 비율이다.
③ 피스톤이 하사점과 상사점에 위치했을 때의 실린더 체적 비율이다.
④ 연소실 내에서의 연료, 공기 비율이다.

압축행정에서 압축에 의해, 혼합기는 원래 체적의 약 7~12 : 1로 압축된다. 이는 피스톤이 하사점과 상사점에 위치했을 때의 실린더 체적의 비율이다.

37. 항공기 신고(등록)기호표의 크기는?

① 가로 7cm, 세로 5cm
② 가로 5m, 세로 7m
③ 가로 7cm, 세로 4m
④ 가로 4m, 세로 7m

항공기 신고(등록) 기호표의 크기는 가로 7cm, 세로 5cm이다.

38. 엔진의 배기색이 백색이라면 어떤 상태인가?

① 소음기의 막힘
② 노즐의 막힘
③ 분사 시기의 늦음
④ 오일이 연소실에 올라감

엔진의 배기색이 백색인 경우 오일이 연소실에 올라간 상태이다.

39. 초경량비행장치의 변경신고는 사유발생일로부터 몇 일 내에 신고하여야 하는가?

① 30일
② 60일
③ 90일
④ 180일

초경량비행장치의 변경신고는 사유발생일로부터 30일 이내에 신고하여야 한다.

40. 항공기의 세로 안전성에 대한 설명 중 틀린 것은?

① 무게 중심위치가 공기역학적 중심보다 전방에 위치할수록 안전성이 증가한다.
② 날개가 무게중심 위치보다 높은 위치에 있을 때 안전성이 좋다.
③ 꼬리날개 면적을 크게 하면 안전성이 좋다.
④ 꼬리날개 효율을 작게 할수록 안전성이 좋다.

항공기의 꼬리날개 효율을 크게 할수록 안정성이 좋다.

정답 34. ③ 35. ① 36. ③ 37. ① 38. ④ 39. ① 40. ④

DRONE
지도자교관 예상문제

예상문제 Ⅰ

01 국토교통부장관에게 신고하지 않아도 되는 초경량비행장치가 아닌 것은?

① 연구기관에 비행체 개발을 위해 제작한 자체중량 139kg 무인비행장치
② 군사용으로 제작한 최대이륙중량 70kg 무인비행장치
③ 기상청에서 기상관측을 위해 제작한 최대이륙중량 130kg 무인비행장치
④ 판매를 목적으로 비행하고 있는 자체중량 13kg 무인비행장치

> 제24조(신고를 필요로 하지 아니하는 초경량비행장치의 범위) 법 제122조 제1항 단서에서 "대통령령으로 정하는 초경량비행장치"란 다음 각 호의 어느 하나에 해당하는 것으로서「항공사업법」에 따른 항공기대여업·항공레저스포츠사업 또는 초경량비행장치사용사업에 사용되지 아니하는 것을 말한다.
> 1. 행글라이더, 패러글라이더 등 동력을 이용하지 아니하는 비행장치
> 2. 계류식(繫留式) 기구류(사람이 탑승하는 것은 제외한다)
> 3. 계류식 무인비행장치
> 4. 낙하산류
> 5. 무인동력비행장치 중에서 연료의 무게를 제외한 자체무게(배터리 무게를 포함한다)가 12킬로그램 이하인 것
> 6. 무인비행선 중에서 연료의 무게를 제외한 자체무게가 12킬로그램 이하이고, 길이가 7미터 이하인 것
> 7. 연구기관 등이 시험·조사·연구 또는 개발을 위하여 제작한 초경량비행장치
> 8. 제작자 등이 판매를 목적으로 제작하였으나 판매되지 아니한 것으로서 비행에 사용되지 아니하는 초경량비행장치
> 9. 군사목적으로 사용되는 초경량비행장치

02 특별비행승인을 받아야 하는 경우가 아닌 것은?

① 야간에 비행해야 하는 경우
② 가시권을 넘어서 비행해야 하는 경우
③ 관제권, 비행금지구역 및 비행제한구역에서 비행해야 하는 경우
④ 야간에 25km 이상 되는 거리를 비행해야 하는 경우

제310조(초경량비행장치 조종자의 준수사항)
① 초경량비행장치 조종자는 법 제129조제1항에 따라 다음 각 호의 어느 하나에 해당하는 행위를 하여서는 아니 된다. 다만, 무인비행장치의 조종자에 대해서는 제4호 및 제5호를 적용하지 아니한다. 〈개정 2017. 11. 10.〉
1. 인명이나 재산에 위험을 초래할 우려가 있는 낙하물을 투하(投下)하는 행위
2. 인구가 밀집된 지역이나 그 밖에 사람이 많이 모인 장소의 상공에서 인명 또는 재산에 위험을 초래할 우려가 있는 방법으로 비행하는 행위
3. 법 제78조 제1항에 따른 관제공역·통제공역·주의공역에서 비행하는 행위. 다만, 법 제127조에 따라 비행승인을 받은 경우와 다음 각 목의 행위는 제외한다.
   가. 군사목적으로 사용되는 초경량비행장치를 비행하는 행위
   나. 다음의 어느 하나에 해당하는 비행장치를 별표 23 제2호에 따른 관제권 또는 비행금지구역이 아닌 곳에서 제199조제1호나목에 따른 최저비행고도(150미터) 미만의 고도에서 비행하는 행위
      1) 무인비행기, 무인헬리콥터 또는 무인멀티콥터 중 최대이륙중량이 25킬로그램 이하인 것
      2) 무인비행선 중 연료의 무게를 제외한 자체 무게가 12킬로그램 이하이고, 길이가 7미터 이하인 것
4. 안개 등으로 인하여 지상목표물을 육안으로 식별할 수 없는 상태에서 비행하는 행위
5. 별표 24에 따른 비행시정 및 구름으로부터의 거리기준을 위반하여 비행하는 행위
6. 일몰 후부터 일출 전까지의 야간에 비행하는 행위. 다만, 제199조 제1호 나목에 따른 최저비행고도(150미터) 미만의 고도에서 운영하는 계류식 기구 또는 법 제124조 전단에 따른 허가를 받아 비행하는 초경량비행장치는 제외한다.
7. 「주세법」제3조 제1호에 따른 주류, 「마약류 관리에 관한 법률」제2조 제1호에 따른 마약류 또는 「화학물질관리법」제22조 제1항에 따른 환각물질 등(이하 "주류등"이라 한다)의 영향으로 조종업무를 정상적으로 수행할 수 없는 상태에서 조종하는 행위 또는 비행 중 주류등을 섭취하거나 사용하는 행위
8. 그밖에 비정상적인 방법으로 비행하는 행위
② 초경량비행장치 조종자는 항공기 또는 경량항공기를 육안으로 식별하여 미리 피할 수 있도록 주의하여 비행하여야 한다.
③ 동력을 이용하는 초경량비행장치 조종자는 모든 항공기, 경량항공기 및 동력을 이용하지 아니하는 초경량비행장치에 대하여 진로를 양보하여야 한다.
④ 무인비행장치 조종자는 해당 무인비행장치를 육안으로 확인할 수 있는 범위에서 조종하여야 한다. 다만, 법 제124조 전단에 따른 허가를 받아 비행하는 경우는 제외한다.
⑤ 「항공사업법」제50조에 따른 항공레저스포츠사업에 종사하는 초경량비행장치 조종자는 다음 각 호의 사항을 준수하여야 한다.
1. 비행 전에 해당 초경량비행장치의 이상 유무를 점검하고, 이상이 있을 경우에는 비행을 중단할 것
2. 비행 전에 비행안전을 위한 주의사항에 대하여 동승자에게 충분히 설명할 것

정답 01. ④ 02. ③

3. 해당 초경량비행장치의 제작자가 정한 최대이륙중량을 초과하지 아니하도록 비행할 것
4. 동승자에 관한 인적사항(성명, 생년월일 및 주소)을 기록하고 유지할 것
- 제124조 전단에 따른 허가를 받아 비행하는 경우는 제외한다. → 비가시권 비행 금지, 단 시험비행허가 또는 특별비행승인을 받은 경우는 가능
- 일몰 후부터 일출 전까지의 야간에 비행하는 행위 → 야간비행 금지, 단 시험비행허가 또는 특별비행승인을 받은 경우는 가능
- "3. 법 제78조 제1항에 따른 관제공역·통제공역·주의공역에서 비행하는 행위" → 특별승인이 아닌 비행승인을 받아야 한다.

제127조(초경량비행장치 비행승인)
① 국토교통부장관은 초경량비행장치의 비행안전을 위하여 필요하다고 인정하는 경우에는 초경량비행장치의 비행을 제한하는 공역(이하 "초경량비행장치 비행제한공역"이라 한다)을 지정하여 고시할 수 있다.
② 동력비행장치 등 국토교통부령으로 정하는 초경량비행장치를 사용하여 국토교통부장관이 고시하는 초경량비행장치 비행제한공역에서 비행하려는 사람은 국토교통부령으로 정하는 바에 따라 미리 국토교통부장관으로부터 비행승인을 받아야 한다. 다만, 비행장 및 이착륙장의 주변 등 대통령령으로 정하는 제한된 범위에서 비행하려는 경우는 제외한다.
③ 제2항 본문에 따른 비행승인 대상이 아닌 경우라 하더라도 다음 각 호의 어느 하나에 해당하는 경우에는 제2항의 절차에 따라 국토교통부장관의 비행승인을 받아야 한다. 〈신설 2017.8.9〉
　1. 제68조 제1호에 따른 국토교통부령으로 정하는 고도 이상에서 비행하는 경우
　2. 제78조 제1항에 따른 관제공역·통제공역·주의공역 중 국토교통부령으로 정하는 구역에서 비행하는 경우

03 **초경량비행장치 사용 사업 중 지방항공청장이 등록을 취소해야 하는 경우가 아닌 것은?**
① 거짓이나 그 밖의 부정한 방법으로 등록한 경우
② 법인이 3개월 이내에 해당임원을 결격 사유가 없는 임원으로 바꾸어 임명한 경우
③ 항공기 운항의 정지명령을 위반하여 운항정지기간에 운항한 경우
④ 사업정지 명령을 위반하여 사업정지 기간에 사업을 경영한 경우

04 국토교통부장관이 초경량비행장치 조종자 증명을 취소해야하는 경우가 아닌 것은?

① 법을 위반하여 벌금 이상의 형을 받은 경우
② 비행하는 동안에 주류 등을 섭취하거나 사용한 경우
③ 최대이륙중량 150kg 비행장치를 사용한 경우
④ 조종자 증명의 효력정지 기간에 초경량비행장치를 사용한 경우

제125조(초경량비행장치 조종자 증명 등)
① 동력비행장치 등 국토교통부령으로 정하는 초경량비행장치를 사용하여 비행하려는 사람은 국토교통부령으로 정하는 기관 또는 단체의 장으로부터 그가 정한 해당 초경량비행장치별 자격기준 및 시험의 절차·방법에 따라 해당 초경량비행장치의 조종을 위하여 발급하는 증명(이하 "초경량비행장치 조종자 증명"이라 한다)을 받아야 한다. 이 경우 해당 초경량비행장치별 자격기준 및 시험의 절차·방법 등에 관하여는 국토교통부령으로 정하는 바에 따라 국토교통부장관의 승인을 받아야 하며, 변경할 때에도 또한 같다.
② 국토교통부장관은 초경량비행장치 조종자 증명을 받은 사람이 다음 각 호의 어느 하나에 해당하는 경우에는 초경량비행장치 조종자 증명을 취소하거나 1년 이내의 기간을 정하여 그 효력의 정지를 명할 수 있다. 다만, 제1호 또는 제8호의 어느 하나에 해당하는 경우에는 초경량비행장치 조종자 증명을 취소하여야 한다.
 1. 거짓이나 그 밖의 부정한 방법으로 초경량비행장치 조종자 증명을 받은 경우
 2. 이 법을 위반하여 벌금 이상의 형을 선고받은 경우
 3. 초경량비행장치의 조종자로서 업무를 수행할 때 고의 또는 중대한 과실로 초경량비행장치사고를 일으켜 인명피해나 재산피해를 발생시킨 경우
 4. 제129조 제1항에 따른 초경량비행장치 조종자의 준수사항을 위반한 경우
 5. 제131조에서 준용하는 제57조 제1항을 위반하여 주류 등의 영향으로 초경량비행장치를 사용하여 비행을 정상적으로 수행할 수 없는 상태에서 초경량비행장치를 사용하여 비행한 경우
 6. 제131조에서 준용하는 제57조 제2항을 위반하여 초경량비행장치를 사용하여 비행하는 동안에 같은 조 제1항에 따른 주류등을 섭취하거나 사용한 경우
 7. 제131조에서 준용하는 제57조 제3항을 위반하여 같은 조 제1항에 따른 주류 등의 섭취 및 사용 여부의 측정 요구에 따르지 아니한 경우
 8. 이 조에 따른 초경량비행장치 조종자 증명의 효력정지기간에 초경량비행장치를 사용하여 비행한 경우
③ 국토교통부장관은 초경량비행장치 조종자 증명을 위한 초경량비행장치 실기시험장, 교육장 등의 시설을 지정·구축·운영할 수 있다. 〈신설 2017. 8. 9.〉

정답 03. ② 04. ③

05 초경량비행장치 사용사업의 등록에 제출해야할 서류에 관한 사항 중 틀린 것은?

① 법인의 납입 자본금 3,000만원 이상 또는 개인의 자산평가액이 4,500만원 이상 다만 최대이륙중량이 25kg 이하인 무인비행장치만 사용하여 초경량비행장치 사용사업을 하려는 경우는 제외.
② 사업목적 및 범위
③ 종사자 인력의 개요
④ 무인비행장치인 초경량 비행장치 2대 이상, 조종자 1명 이상, 제3자 보험 가입 1대 이상

06 항법시스템에 대한 내용 중 틀린 것은?
① 관성항법시스템은 위성항법시스템보다 외부환경의 영향과 시간이 지남에 따른 항법오차가 작다.
② 위성항법시스템은 관성항법시스템보다 고도 오차가 크다.
③ 영상항법시스템은 광학카메라의 영상으로 항법 정보를 추출한다.
④ 위성항법시스템은 위치 및 속도정보가 비교적 정확하다.

07 전문교육기관의 지정에 관련한 사항 중 아닌 것은?
① 전문교육기관의 현황, 교육시설 및 장비의 현황, 교육훈련계획 및 교육훈련규정을 국토교통부장관에게 제출하여야 한다.
② 비행시간이 200시간(무인비행장치의 경우 100시간) 이상이고 국토교통부 장관이 인정한 조종교육교관과정을 이수한 지도조종자 1명 이상이어야 한다.
③ 교육과목, 교육시간, 평가방법 및 교육훈련규정 등 교육훈련에 필요한 사항은 항공안전법 운영세칙에 나와 있다.
④ 강의실 및 사무실 각 1개 이상, 이/착륙시설, 훈련용 비행장치가 1대 이상 있어야 한다.

08 초경량 비행장치 사용사업의 등록사항 변경신고사항으로 틀린 것은?
① 자본금의 감소
② 사업소의 신설 또는 변경
③ 임직원 2/3 이상 변경
④ 상호의 변경

09 APM Copter 제어 기반 시스템 중 각 센서가 가장 많이 관여하는 것부터 나열한 것 중 올바른 것은?
① GPS > Barometer > Accelerometer > Gyroscope
② Gyroscope > Accelerometer > GPS > Barometer
③ Compass > GPS > Accelerometer > Barometer
④ Gyroscope > GPS > Accelerometer > Barometer

10 지도 조종자에 관련된 사항으로 틀린 것은?
① 비행경력 증명서 등을 허위로 제출할 경우 지도조종자가 취소된다.
② 거짓이나 그 밖의 부정한 방법으로 지도조종자로 등록된 경우 취소된다.
③ 무인멀티콥터를 조종한 시간이 총 100시간 이상인 자는 지도조종자등록을 할 수 있다.
④ 만 14세 이상인 사람은 지도조종자 등록을 할 수 있다.

만 18세 이상인 사람은 지도조종자 등록을 할 수 있다.

정답 05. ④ 06. ① 07. ③ 08. ③ 09. ② 10. ④

11 초경량비행장치의 사용사업 등록 결격 사유가 아닌 것은?

① 대한민국 국민이 아닌 사람, 외국정부 또는 외국의 공공단체, 외국의 법인 또는 단체
② 피성년 후견인, 피한정 후견인 또는 파산선고를 받고 복권되지 아니한 사람
③ 외국인이 법인등기사항 증명서상 임원수의 2분의 1 이상을 차지하는 법인
④ 미성년자

12 APM Copter 제어 기반 시스템 중 비행모드와 탑제 센서에 관한 내용 중 맞는 것은?

① Head free 모드는 4가지의 센서를 사용한다.
② 써클 모드일 때 피치, 롤에 대해 콘트롤이 불가하다. 높이 조정은 가능
③ 심플 모드일 때 yaw 명령에 대해 콘트롤이 불가하다
④ 탑재 센서는 동작은 하지 않는다.

13 대한민국 항공법 최초 제정은 몇 년도인가?

① 1961년 2월　　② 1961년 3월
③ 1962년 2월　　④ 1963년 3월

14 국제민간항공협약 시카고조약은 몇 년도에 제정되었나?

① 1940년 12월 ICAO에서 제정
② 1942년 12월 IOCA에서 제정
③ 1944년 12월 ICAO에서 제정
④ 1945년 12월 IOCA에서 제정

15 우리나라는 국제민간항공협약에 몇 년 도에 가입하였나?
① 미국 시카고에서 1952년 12월
② 미국 시카고에서 1953년 12월
③ 미국 워싱턴에서 1952년 12월
④ 미국 워싱턴에서 1953년 12월

16 국제민간항공규범에서 협약 부속서(Annex)에 속하지 아니한 것은?
① 항공종사자 면허
② 국제항공항행용 기상업무
③ 측정단위
④ 드론비행 규범

17 국제민간항공협약 규범의 우선순위 중 높은 곳에서 낮은 곳으로 표현한 것은?
① 협약-부속서-항행업무절차-기술지침서
② 부속서-협약-항행업무절차-기술지침서
③ 협약-항행업무절차-부속서-기술지침서
④ 항행업무절차-협약-부속서-기술지침서

18 항공법 분법이 아닌 것은?
① 항공안전법　　② 항공사업법
③ 공항시설법　　④ 항공조종법

정답　11. ④　12. ②　13. ②　14. ③　15. ①　16. ④　17. ①　18. ④

19 항공(안전)법 구성의 순서로 맞는 것은?
① 헌법 – 항공법 – 시행령 – 시행규칙 – 고시, 훈령, 예규 – 기타 지침 등
② 헌법 – 시행령 – 항공법 – 시행규칙 – 고시, 훈령, 예규 – 기타 지침 등
③ 헌법 – 항공법 – 시행령 – 고시, 훈령, 예규 – 시행규칙 – 기타 지침 등
④ 헌법 – 항공법 – 시행령 – 시행규칙 – 기타 지침 등 – 고시, 훈령, 예규

헌법＞법률(항공법)＞항공법 시행령＞항공법 시행규칙＞고시, 훈령, 예규＞지침

20 항공안전법에 속하지 않는 것은?
① 항공운송사업
② 항공기 기술기준
③ 종사자
④ 초경량비행장치

21 항공사업법에 속하는 것은?
① 사용사업
② 항공교통사업
③ 비행장 개발 사업
④ 항행안전전시설 사업

항공운송사업, 사용사업, 교통이용자 보호 등

22 공항 및 비행장의 개발, 항행안전시설 등은 항공법 중 어디에 속하는가?
① 항공안전법
② 항공사업법
③ 공항시설법
④ 항공조종법

23 비행경력증명서 발급시 유의해야 할 사항이 아닌 것은?
① 년, 월, 일로 기재해야 한다.
② 비행시간은 분단위까지 기록해야 한다.
③ 안전성인증검사 면제대상인 기체는 최종인증검사일 란에 면제로 기록한다.
④ 교관시간은 지도조종자가 비행교육을 목적으로 교육생을 실기 교육한 비행시간을 말한다.

24 사업 개선 명령에 대해 틀린 것은?
① 국토교통부장관은 사업계획의 변경에 대해 개선 명령을 내릴 수 있다.
② 항공기 사고로 인해 지급할 손해배상을 위한 보험계약의 체결에 관해 개선명령을 내릴 수 있다.
③ 초경량비행장치 사용 사업 서비스의 개선을 위하여 필요한 사항을 개선 명령 내릴 수 있다.
④ 초경량비행장치 제작사의 규정대로 정비를 하고 있는지에 관해 개선명령을 내릴 수 있다.

25 다음 중 혈중알콜농도와 처벌 기준이 틀린 것은?
① 혈중알콜농도 0.02퍼센트 이상 0.06퍼센트 미만 : 효력 정지 60일
② 혈중알콜농도 0.06퍼센트 이상 0.09퍼센트 미만 : 효력 정지 120일.
③ 혈중알콜농도 0.09퍼센트 이상 효력 정지 180일 혹은 자격증명 취소
④ 혈중알콜농도 0.12퍼센트 이상 자격증명 말소

정답 19. ① 20. ① 21. ① 22. ③ 23. ② 24. ④ 25. ④

예상문제 II

01 시카고 협약에 관련사항으로 틀린 것은?

① UN산하 기구로써, 1944년 12월 7일 시카고 국제민간항공회의에서 국제민간항공협약이 서명 되었다.
② 1947년 4월 4일에 26개국이 이 협약을 비준을 하면서 정식 발효 되었다.
③ ICAO는 본문 96개 조항으로 된 국제민간항공협서 그리고 이에 따른 19개의 부속(annex)
④ 우리나라는 1968년에 가입했다.

항공안전법 – 시카고 조약(12장 167개조, 10장이 초경량이다.
법 – 법률(항공법) – 시행령 – 시행규칙 – 고시, 훈련, 예규 – 지침
항공안전법의 전체적인 구성에 대해서 공부 – 1952년 가입

02 항공안전법 308조에 나오는 무인비행장치가 아닌 것은?

① 무인멀티콥터　　② 무인비행기
③ 무인비행선　　　④ 무인헬리콥터

03 실기시험 합격기준은?

① 모든 항목 U
② 모든 항목 S
③ 실기 시험 채점표의 70점 이상
④ 실기 시험 채점표의 50점 이상

실기시험 채점은 모든 항목에서 S를 받아야 한다.
• 합격 : satisfaction(S)
• 불합격 : unsatisfaction(U)

04
러더(rudder) 좌회전 시 빨리 도는 모터는? (단, quadcopter이고, 전 좌측 모터는 시계방향으로 돈다)

① 전 좌측모터 – 후 좌측모터
② 전 우측모터 – 후 좌측모터
③ 전 좌측모터 – 후 우측모터
④ 전 우측모터 – 후 우측모터

- 기체가 도는 방향과 빨라지는 모터는 반대.
- 러더좌회전을 위해서는 전 좌측과 후 우측 모터의 토크가 커져야 이에 대한 반토크로 좌러더 회전할 수 있다.
- 은밀히 따지면, 우선적으로 플롭의 회전방향을 먼저 알려주어야 이 문제를 풀 수 있다. "전 좌측 모터의 프롭이 시계방향으로 돈다"를 기준으로 한다면, 3번이 정답이고, 아니면 2번이 정답이다.
왜냐하면, 멀티콥터 중 쿼드콥터일 경우, 대부분이 "전 좌모터가 시계방향"으로 회전하고 아닌 경우도 있다. (예)Parrot Bebop2는 전 좌모터가 시계반대방향으로 돈다.

05
초경량비행장치의 배터리가 작동하여 발생시키는 힘이 아닌 것은?

① 수직추력 ② 중력
③ 마찰항력 ④ 수평추력

양력(수직추력, 추력(수평추력), 중력(중량, 무게), 항력(형상, 압력, 마찰)

06
항공고시보(NOTAM) 최대 유효기간은?

① 1개월 ② 3개월
③ 6개월 ④ 12개월

NOTAM – 3개월

정답 1. ④ 2. ③ 3. ② 4. ③ 5. ② 6. ②

07 안전성 인증검사를 받아야 되는 기체는?

① 자체중량 12kg 이상
② 자체중량 12kg 초과
③ 최대이륙중량 25kg 이상
④ 최대이륙중량 25kg 초과

안전성 인증대상 범위 명확화 해야 함.

08 안전성인증검사에 대한 설명으로 옳지 않은 것은?

① 25kg을 초과하는 기체는 안전성인증 검사를 받아야 한다.
② 10kg 이하의 기체는 안전성인증 검사를 받지 않아도 된다.
③ 안전성인증검사 서류 변경은 15일 이내에 해야 한다.
④ 말소 신고는 원인이 발생한 때로부터 15일 이내에 해야 한다.

안전성 인증대상 범위 명확화 해야 함
안전성인증검사 서류 변경 30일

09 SHELL에 대한 설명으로 틀린 것은?

① L-Liveware 인간, 성격, 의사소통, 리더십, 문화
② L-Hardware 항공기, 장비, 연장, 시설, 조명
③ L-Software 규정, 절차, 매뉴얼, 작업카드
④ L-Environment 습도, 온도, 기상 등

SHELL 모델(인적요인) : 각 스펠링이 뭘 의미하는지 외울 것

10 모든 항공기에 비행정보업무만 제공하며 초경량비행장치외 비행 가능한 구역은?

① B공역　　　　　　② C공역
③ D공역　　　　　　④ G공역

- 모든 항공기에 비행정보 업무만 제공하고 초경량비행장치를 날릴 수 있는 공역 → G공역
- 비행정보구역 내의 B, C 또는 D등급 공역 중에서 시계 및 계기비행을 하는 항공기에 대하여 관제업무를 제공하는 공역 → 관제권

11 초경량비행장치 안전성인증검사 제출 서류가 아닌 것은?
① 설계서 및 설계도면, 부품자료
② 제원 및 성능표
③ 기술도서 및 운용설명서
④ 비행경력증명서

12 비행정보구역 내의 B, C, D 등급 공역 중 시계 및 계기 비행을 하는 항공기에 대하여 항공교통관제업무를 제공하는 공역은?
① 관제권　　　　　　② 관제구
③ 주의공역　　　　　④ 통제공역

- 공영 및 비행안전 : A, B, C, D, E, F, G 공역의 반경 문제 나옴
- G 공역이 초경량이 사용하는 공역이다.

13 불안전 행위에 따른 사고의 진행과정이 아닌 것은?
① 조직 : 진행과정 절차 풍토 조직문화
② 환경/임무 : 의도하지 않은 조건들
③ 개인의 특성 : 불안전 행동
④ 의도하지 않은 사고 발생

정답　7. ④　8. ③　9. ②　10. ④　11. ④　12. ①　13. ②

14 비행장치에 이상이 발생했을 경우 조치 사항으로 바르지 아니한 것은?
① 큰 소리로 주변에 기체이상을 알린다.
② 주변에 사람이 없는 장소에 신속하게 기체를 내린다.
③ 최대한 GPS모드로 착륙을 시도해 보고 안되면 자세제어 모드로 착륙을 시도한다.
④ 기체를 제어할 수 없는 상황이면 사람이 없는 장소에 기체를 추락시킨다.

15 프로펠라(프롭) 크기와 피치 크기에 따른 속도와 토크의 작동으로 옳은 것은?
① 프롭이 크고 피치가 작으면 속도가 빨라지고 토크는 커진다.
② 프롭이 작고 피치가 작으면 속도가 빨라지고 토크는 커진다.
③ 프롭이 작고 피치가 크면 속도가 빨라지고 토크는 커진다.
④ 프롭이 크고 피치가 크면 속도가 빨라지고 토크는 커진다.

16 조종사증명 취소 요건으로 알맞지 아니한 것은?
① 거짓의 방법으로 조종자격을 취득한 경우
② 부정한 방법으로 조종자격을 취득한 경우
③ 음주비행으로 벌금형을 선고 받은 경우
④ 면허 정지 기간 중에 1회 비행한 경우

17 비행경력증명에 필요한 서류로 알맞지 아니한 것은?
① 항공기 종사자 신체검사서
② 2종 보통 이상 자동차 운전면허증
③ 2종 보통 이상 자동차운전면허증에 필요한 신체검사서
④ 비행장치 권리 증명서

18. 조종자 준수사항(안전법 시행규칙 제68조)에 포함되지 않는 것은?

① 고도 300m(1000feet) 미만에서 비행금지
② 약물 및 음주 비행금지
③ 일몰 후 비행금지
④ 낙하물 투하 금지

- 고도 150m(500feet) 비행승인 후 비행
- 다중 상공에서의 비행금지

19. 인간의 시각에 대한 현상으로 틀린 것은?

① 어두운 곳에서는 단파장이 장파장보다 더 잘 보이며 푸른색은 회색으로 보이고 밝아 보인다.
② 암순응(저녁)에서는 510mm에서 녹색광이 가장 밝게 보이고 명순응(새벽)에서 560mm상에서 황색광이 가장 밝게 보이며 중간 시에는 푸르킨예 현상이 존재하지 않는다.
③ 밝은 대낮에 영화관에 들어갔다 나오면 암순응이 일어난다.
④ 푸르킨예 현상은 간상체와 관련이 있는 현상이다.

암순응이란 무엇인가?
낮에 영화관에 들어가서 깜깜한 뒤에 서서히 어둠에 익숙해지는 것이 암순응임
문제에는 낮에 영화관에 들어갔다 나왔을 때 암순응을 한다라고 되어있음

20. 멀티콥터 안전비행의 문제점이 아닌 것은?

① 여객기와 드론의 충돌 위험
② 고장으로 인한 인명피해 우려
③ 무인비행기를 이용한 테러
④ 사생활 보호가능

정답 14. ③ 15. ④ 16. ③ 17. ④ 18. ① 19. ③ 20. ④

21 인적요인(목적)에서 인간 가치 상승 요인이 아닌 것은?

① 사용성의 편리
② 안전의 향상
③ 직무만족
④ 삶의 질의 향상

> 인적 요인의 목적이 아닌 것은? 대인관계개선(X)
>
> • 수행(Performance)의 증진
>   - 사용의 편리성
>   - Human Error의 감소
>   - 생산성 향상
> • 인간 가치의 상승
>   - 안전향상
>   - 피로와 스트레스 감소
>   - 편안함
>   - 직무만족
>   - 삶의 질 향상

22 초경량비행장치 비행승인 제외범위는?

① RK P73 B공역은 4.5nm-8.334km 밖
② P61-64 18.6km 밖
③ 공항중심지름 3km 및 고도 500feet 이내 범위
④ 공항주변 5nm~9.3km 밖

> 1nm=1.852km
> RK P73 A공역은 2nm=3.704km

23. 이륙 전 기체점검 사항으로 맞지 아니한 것은?

① 비행공역을 확인한다.
② 모터 상태를 점검한다.
③ 배선 등 커넥터류를 잘 접합 되어있는지 확인한다.
④ 본체 상태를 확인한다.

이륙전/이륙후/비행후 기체점검
- 아워메터 확인
- 셀당 전압이 몇 볼트여야 하는지

24. 초경량비행장치가 비행을 할 수 있는 곳은 어느 곳인가?

① 비행장 반경 5km에서 비행 할 수 있다
② 이륙장에서 4km에서 비행 할 수 있다.
③ 비행제한 구역에서 1000ft 이내에서 비행 할 수 있다.
④ 초경량비행장치 비행승인 구역에서 비행 할 수 있다.

25. 비행경력증명에 관한 사항을 옳지 아니한 것은?

① 초경량 비행장치 무인멀티콥터 조종자가 되기 위해서는 20시간의 비행경력을 필요로 한다.
② 조종교육관에게는 80시간의 비행경력이 필요하다.
③ 아워메타에 기록된 시간은 분으로 나타낸다.
④ 실기평가관에게는 150시간의 비행경력이 요구된다.

정답 21. ① 22. ③ 23. ① 24. ④ 25. ③

예상문제 III

01 128조(초경량비행장치 구조 지원 장비 장착 의무) 무인비행장치 등 국토교통부령으로 정하는 초경량비행장치가 아닌 것은?

① 동력을 이용하지 아니하는 비행장치
② 계류식 기구
③ 동력패러글라이더
④ 무인비행기

제128조(초경량비행장치 구조 지원 장비 장착 의무) 초경량비행장치를 사용하여 초경량비행장치 비행제한공역에서 비행하려는 사람은 안전한 비행과 초경량비행장치사고 시 신속한 구조 활동을 위하여 국토교통부령으로 정하는 장비를 장착하거나 휴대하여야 한다. 다만, 무인비행장치 등 국토교통부령으로 정하는 초경량비행장치는 그러하지 아니하다.
제309조(초경량비행장치의 구조지원 장비 등)
① 법 제128조 본문에서 "국토교통부령으로 정하는 장비"란 다음 각 호의 어느 하나에 해당하는 것을 말한다.
  1. 위치추적이 가능한 표시기 또는 단말기
  2. 조난구조용 장비(제1호의 장비를 갖출 수 없는 경우만 해당한다)
② 법 제128조 단서에서 "무인비행장치 등 국토교통부령으로 정하는 초경량비행장치"란 다음 각 호의 어느 하나에 해당하는 초경량비행장치를 말한다.
  1. 동력을 이용하지 아니하는 비행장치
  2. 계류식 기구
  3. 동력패러글라이더
  4. 무인비행장치

02 국제민간항공기구(ICAO)에서 공식 용어로 사용하는 무인항공기 용어는?

① Drone
② UAV
③ UGV
④ RPAS

RPAS(Remotely Piloted Aircraft System) 용어 새로 정의

03 항공법상 신고를 필요로 하지 아니하는 초경량비행장치의 범위가 아닌 것은?

① 행글라이더, 패러글라이더 등 동력을 이용하지 아니하는 비행장치
② 낙하산류
③ 무인비행기 및 무인회전익 비행장치 중에서 연료의 무게를 제외한 자체무게가 12kg 이하인 것
④ 군사목적으로 사용되지 아니하는 초경량비행장치

제24조(신고를 필요로 하지 아니하는 초경량비행장치의 범위) 법 제122조 제1항 단서에서 "대통령령으로 정하는 초경량비행장치"란 다음 각 호의 어느 하나에 해당하는 것으로서 「항공사업법」에 따른 항공기대여업·항공레저스포츠사업 또는 초경량비행장치사용사업에 사용되지 아니하는 것을 말한다.
1. 행글라이더, 패러글라이더 등 동력을 이용하지 아니하는 비행장치
2. 계류식(繫留式) 기구류(사람이 탑승하는 것은 제외한다)
3. 계류식 무인비행장치
4. 낙하산류
5. 무인동력비행장치 중에서 연료의 무게를 제외한 자체무게(배터리 무게를 포함한다)가 12킬로그램 이하인 것
6. 무인비행선 중에서 연료의 무게를 제외한 자체무게가 12킬로그램 이하이고, 길이가 7미터 이하인 것
7. 연구기관 등이 시험·조사·연구 또는 개발을 위하여 제작한 초경량비행장치
8. 제작자 등이 판매를 목적으로 제작하였으나 판매되지 아니한 것으로서 비행에 사용되지 아니하는 초경량비행장치
9. 군사목적으로 사용되는 초경량비행장치

제14조에서 규정한 "초경량 비행장치"에 대해 다음과 같이 정의하고 있다.
1. 동력비행장치 : 동력을 이용하는 것으로서, 좌석이 1개인 비행장치로서 탑승자, 연료 및 비상용 장비의 중량을 제외한 해당 장치의 자체 중량이 115kg 이하일 것, 프로펠러에서 추진력을 얻는 것일 것, 차륜(車輪)·스키드(Skid) 또는 후로트(Float) 등 착륙장치가 장착된 고정익 비행장치일 것
2. 인력 활공기 : 체중 이동 등 인력을 이용하여 조종하는 행글라이더와 패러글라이더로서 탑승자 및 비상용 장비의 중량을 제외한 해당 장치의 자체 중량이 70kg 이하인 비행장치
3. 기구류 : 기체의 성질·온도차 등을 이용하는 비행장치로서 유인자유기구 또는 무인자유기구, 계류식(繫留式) 기구

정답 01. ④ 02. ④ 03. ④

4. 회전익 비행장치 : 동력 비행장치의 요건을 갖춘 것으로서 1개 이상의 회전익에서 양력(揚力)을 얻는 초경량 자이로플레인, 초경량 헬리콥터 등의 비행장치이다.
5. 동력패러글라이더 : 낙하산류에 추진력을 얻는 장치를 부착한 착륙장치가 없는 비행장치, 착륙 장치가 있는 것으로서 요건을 충족하는 비행장치이다.
6. 무인비행장치 : 사람이 탑승하지 아니하는 것으로서,
   가. 무인동력비행장치 : 연료의 중량을 제외한 자체 중량이 150kg 이하인 무인비행기 또는 무인회전익비행장치
   나. 무인비행선 : 연료의 중량을 제외한 자체 중량이 180kg 이하이고, 길이가 20m 이하인 무인비행선이다.

04 초경량비행장치 기준에 부합하지 않는 것은?

① 조종자 자격응시 시험기준 만 14세 이상(3종 이상)
② 교관 자격응시 시험기준 만 18세 이상
③ 전문교육기관 운영자 만 25세 이상
④ 수료자료 및 요약본 최소 10년간 보관

수료자료는 10년간, 요약본은 준영구 보관(초경량비행장치 조종자의 자격기준 및 전문교육기관 지정요령 별표5의 내용-국토교통부고시 제12조(교육훈련규정) 규칙 제307조제1항제3호의 규정에 의한 교육규정에는 별표5에서 정한 내용을 포함하여야 한다.)

05 초경량비행장치 신고 사항에 관하여 틀린 것은?

① 증명할 수 있는 자료
② 기체의 측면사진
③ 기체소유자는 각 호의 사항을 변경하려는 경우 그 사유가 있는 15일 이내에 안전신고서를 한국교통안전공단 이사장에 제출하여야 한다.
④ 기체 말소신고는 사유발생한날로부터 15일 이내에 신고해야 한다.

변경신고는 30일

06 초경량비행장치의 변경신고는 사유발생일로부터 몇일 이내에 신고하여야 하는가?

① 15일 ② 30일
③ 60일 ④ 90일

제123조(초경량비행장치 변경신고 등)
① 초경량비행장치소유자등은 제122조제1항에 따라 신고한 초경량비행장의 용도, 소유자의 성명 등 국토교통부령으로 정하는 사항을 변경하려는 경우에는 국토교통부령으로 정하는 바에 따라 국토교통부장관에게 변경신고를 하여야 한다.
② 초경량비행장치소유자등은 제122조 제1항에 따라 신고한 초경량비행장치가 멸실되었거나 그 초경량비행장치를 해체(정비 등, 수송 또는 보관하기 위한 해체는 제외한다)한 경우에는 그 사유가 발생한 날부터 15일 이내에 국토교통부장관에게 말소신고를 하여야 한다.
③ 초경량비행장치소유자등이 제2항에 따른 말소신고를 하지 아니하면 국토교통부장관은 30일 이상의 기간을 정하여 말소신고를 할 것을 해당 초경량비행장치소유자등에게 최고하여야 한다.
④ 제3항에 따른 최고를 한 후에도 해당 초경량비행장치소유자등이 말소신고를 하지 아니하면 국토교통부장관은 직권으로 그 신고번호를 말소할 수 있으며, 신고번호가 말소된 때에는 그 사실을 해당 초경량비행장치소유자 등 및 그 밖의 이해관계인에게 알려야 한다.

제302조(초경량비행장치 변경신고)
① 법 제123조 제1항에서 "초경량비행장치의 용도, 소유자의 성명 등 국토교통부령으로 정하는 사항"이란 다음 각 호의 어느 하나를 말한다.
  1. 초경량비행장치의 용도
  2. 초경량비행장치 소유자등의 성명, 명칭 또는 주소
  3. 초경량비행장치의 보관 장소
② 초경량비행장치소유자등은 제1항 각 호의 사항을 변경하려는 경우에는 그 사유가 있는 날부터 30일 이내에 별지 제116호서식의 초경량비행장치 변경·이전신고서를 한국교통안전공단 이사장에게 제출하여야 한다.
③ 지방항공청장은 제2항에 따른 신고를 받은 날부터 7일 이내에 수리 여부 또는 수리 지연 사유를 통지하여야 한다. 이 경우 7일 이내에 수리 여부 또는 수리 지연 사유를 통지하지 아니하면 7일이 끝난 날의 다음 날에 신고가 수리된 것으로 본다.

정답 04. ④ 05. ③ 06. ①

07 초경량비행장치 신고 시 한국교통안전공단 이사장에게 첨부하여야 할 서류가 아닌 것은?

① 초경량비행장치를 소유하고 있음을 증명하는 서류
② 초경량비행장치를 운용할 조종사, 정비사 인적사항
③ 초경량비행장치의 제원 및 성능표
④ 초경량비행장치의 사진

제2조(신고)
① 항공안전법 제122조에 따라 비행장치를 소유한 자(이하 "비행장치 소유자"라 한다)는 "국토교통부와 그 소속기관 직제 시행규칙" 제25조(관할구역)에 따라 한국교통안전공단 이사장(이하 "청장"이라 한다)에게 신고하여야 한다.
② 관할구역은 해당 비행장치의 보관처를 기준으로 한다.
③ 비행장치 소유자는 항공안전법 시행규칙 제301조 별지 제116호 서식의 초경량비행장치신고서에 다음 각 호의 서류를 첨부하여 한국교통안전공단 이사장에게 제출하여야 한다.
  1. 초경량비행장치를 소유하고 있음을 증명하는 서류
  2. 초경량비행장치의 제원 및 성능표
  3. 초경량비행장치의 사진(가로 15cm x 세로 10cm의 측면사진)

08 UTC 22:43을 우리나라 시간으로 바꾸면?

① 오후 10 : 43   ② 오전 10 : 43
③ 오전 8 : 43   ④ 오전 7 : 43

22+9(9시간 빠름)=31, 31−24=07시, 즉, 07시 43분
UTC는 세계표준시간

09 다음 중 Brushless 모터의 특징 아닌 것은?

① 수명이 길고 고속회전 가능
② 가격이 싸다.
③ 구동을 위한 ESC가 필요
④ 발열이 적고 회전수 변동이 적다.

10 국토부령으로 정하는 초경량비행장치를 사용하여 비행하려는 사람은 비행안전을 위한 기술상의 기준에 적합하다는 안전성인증을 받아야 한다. 다음 중 인증대상이 아닌 것은?

① 무인기구류
② 무인비행장치
③ 회전익비행장치
④ 착륙장치가 없는 동력패러글라이더

제305조(초경량비행장치 안전성인증 대상 등)
① 법 제124조 전단에서 "동력비행장치 등 국토교통부령으로 정하는 초경량비행장치"란 다음 각 호의 어느 하나에 해당하는 초경량비행장치를 말한다.
  1. 동력비행장치
  2. 행글라이더, 패러글라이더 및 낙하산류(항공레저스포츠사업에 사용되는 것만 해당한다)
  3. 기구류(사람이 탑승하는 것만 해당한다)
  4. 다음 각 목의 어느 하나에 해당하는 무인비행장치
    가. 제5조 제5호 가목에 따른 무인비행기, 무인헬리콥터 또는 무인멀티콥터 중에서 최대이륙중량이 25킬로그램을 초과하는 것
    나. 제5조 제5호 나목에 따른 무인비행선 중에서 연료의 중량을 제외한 자체중량이 12킬로그램을 초과하거나 길이가 7미터를 초과하는 것
  5. 회전익비행장치
  6. 동력패러글라이더
② 법 제124조 전단에서 "국토교통부령으로 정하는 기관 또는 단체"란 기술원 또는 별표 43에 따른 시설기준을 충족하는 기관 또는 단체 중에서 국토교통부장관이 정하여 고시하는 기관 또는 단체(이하 "초경량비행장치 안전성 인증기관"이라 한다)를 말한다. 〈개정 2018. 3. 23.〉

11 다음 중 관제공역이 아닌 것은?

① 관제권   ② 관제구
③ 비행장교통구역   ④ 관리구역

관제공역 : 관제권, 관제구, 비행장교통구역

정답 07. ② 08. ④ 09. ② 10. ① 11. ④

12 초경량비행장치 사고를 일으킨 조종자 또는 소유자는 사고 발생 즉시 국토부장관에게 보고하여야 하는 데 그 내용이 아닌 것은?
① 초경량비행장치의 소유자 또는 명칭
② 사고의 정확한 원인분석결과
③ 사고의 경위
④ 사람의 사상 또는 물건의 파손개요

제312조(초경량비행장치사고의 보고 등) 법 제129조 제3항에 따라 초경량비행장치사고를 일으킨 조종자 또는 그 초경량비행장치소유자등은 다음 각 호의 사항을 지방항공청장에게 보고하여야 한다.
1. 조종자 및 그 초경량비행장치소유자등의 성명 또는 명칭
2. 사고가 발생한 일시 및 장소
3. 초경량비행장치의 종류 및 신고번호
4. 사고의 경위
5. 사람의 사상(死傷) 또는 물건의 파손 개요
6. 사상자의 성명 등 사상자의 인적사항 파악을 위하여 참고가 될 사항

13 초경량비행장치의 인증검사 종류 중 초도검사 이후 안전성 인증서의 유효기간이 도래하여 새로운 안전성 인증서를 교부 받기 위하여 실시하는 검사는 무엇인가?
① 정기검사
② 계속검사
③ 수시검사
④ 재검사

14 초경량비행장치를 자유로이 날릴 수 있는 구역은?
① C구역
② D구역
③ F구역
④ G구역

G공역은 비관제공역으로 초경량비행장치 공역이라 보면 된다.

15 인적요인모델 shell모델 중 규정과 절차 매뉴얼 작업카드와 관련된 관계로 옳은 것은?

① L-L
② L-H
③ L-S
④ L-E

매뉴얼은 소프트웨어
- Liveware : 인간, 성격, 의사소통, 리더십, 문화
- Hardware : 항공기, 장비, 연장, 작업장, 건물
- Software : 규정, 절차, 매뉴얼, 작업카드
- Environment : 물리적환경(습도, 온도, 조명, 기상 등)

16 전문교육기관지정을 위하여 국토부장관에게 제출할 서류가 아닌 것은?
① 전문교관의 현황
② 교육시설 및 장비의 현황
③ 교육훈련계획 및 교육훈련 규정
④ 보유한 비행장치의 제원

초경량비행장치의 제원 및 성능표는 신고할 때(기체등록) 필요

17 다음 중 비행통제구역이 아닌 것은?
① 비행금지구역
② 군작전구역
③ 비행제한구역
④ 초경량비행장치 비행제안 구역

정답 12. ② 13. ① 14. ④ 15. ③ 16. ④ 17. ②

18

특별승인을 받을 자가 무인비행장치 특별비행승인 신청서에 첨부하여 국토교통부장관에게 제출할 서류가 아닌 것은?

① 무인비행장치의 종류, 형식 및 제원에 관한 서류
② 무인비행장치의 성능 및 운용한계에 관한 서류
③ 무인비행장치의 제조 및 정비에 관한 서류
④ 무인비행장치의 조종자의 조종 능력 및 경력 등을 증명하는 서류

제312조의 2(무인비행장치의 특별비행승인)
① 법 제129조 제5항 전단에 따라 야간에 비행하거나 육안으로 확인할 수 없는 범위에서 비행하려는 자는 별지 제123호의 2서식의 무인비행장치 특별비행승인 신청서에 다음 각 호의 서류를 첨부하여 국토교통부장관에게 제출하여야 한다.
 1. 무인비행장치의 종류·형식 및 제원에 관한 서류
 2. 무인비행장치의 성능 및 운용한계에 관한 서류
 3. 무인비행장치의 조작방법에 관한 서류
 4. 무인비행장치의 비행절차, 비행지역, 운영인력 등이 포함된 비행계획서
 5. 안전성인증서(제305조 제1항에 따른 초경량비행장치 안전성인증 대상에 해당하는 무인비행장치에 한정한다)
 6. 무인비행장치의 안전한 비행을 위한 무인비행장치 조종자의 조종 능력 및 경력 등을 증명하는 서류
 7. 해당 무인비행장치 사고에 따른 제3자 손해 발생 시 손해배상 책임을 담보하기 위한 보험 또는 공제 등의 가입을 증명하는 서류(「항공사업법」 제70조 제4항에 따라 보험 또는 공제에 가입하여야 하는 자로 한정한다)
 8. 그 밖에 국토교통부장관이 정하여 고시하는 서류
② 국토교통부장관은 제1항에 따른 신청서를 제출받은 날부터 90일 이내에 법 제129조 제5항에 따른 무인비행장치 특별비행을 위한 안전기준에 적합한지 여부를 검사한 후 적합하다고 인정하는 경우에는 별지 제123호의 3서식의 무인비행장치 특별비행승인서를 발급하여야 한다. 이 경우 국토교통부장관은 항공안전의 확보 또는 인구밀집도, 사생활 침해 및 소음 발생 여부 등 주변 환경을 고려하여 필요하다고 인정되는 경우 비행일시, 장소, 방법 등을 정하여 승인할 수 있다.
③ 제1항 및 제2항에 규정한 사항 외에 무인비행장치 특별비행승인을 위하여 필요한 사항은 국토교통부장관이 정하여 고시한다. [본조신설 2017.11.10]

19 다음 중 통제공역이 아닌 것은?
① 비행금지구역
② 비행제한구역
③ 훈련구역
④ 초경량비행장치 비행제한 구역

통제공역 : 비행금지구역, 비행제한구역, 초경량비행장치비행제한구역

20 초경량비행장치의 비행 가능한 것이 아닌 것은?
① UA2 구역
② 관제공역, 통제공역, 주의공역 등 비행제한구역을 제외한 공역
③ 비행제한공역에서 비행승인을 받은 경우
④ 관제권, 비행금지구역이 아닌 곳에서 150m 이하에서 가능

관제권, 비행금지구역이 아닌 곳에서 150m 미만에서 가능

21 다음 중 IMU(Internal Measurement unit) 특징이 아닌 것은?
① 무인비행장치의 자세각, 자세각속도, 가속도를 측정하는 센서
② 자세제어, 속도제어, 위치제어기가 포함됨
③ 소형 무인비행장치에는 MEMS(Micro-electromechanical System)센서를 사용
④ 일반적으로 3축 가속도계, 3축 자이로스코프, 3축 자장센서 탑재

정답 18. ③ 19. ③ 20. ④ 21. ②

22. 초경량비행장치 운영 중 위반할 시 처벌 기준 중에 벌금형인 것은?

① 안전성인증검사를 받지 않은 경우
② 비행제한공역에서 비행한 경우
③ 비행금지공역에서 비행한 경우
④ 관제권에서 비행한 경우

비행제한공역에서 비행한 경우만 벌금 200만원, 다른 경우는 과태료 200만원이다. 단 안전성인증검사를 받지 않을 시에는 과태료 500만원이다.

23. 다음 중 프로펠러의 종류와 특징이 아닌 것은?

① 카본 : 탄소섬유복합체, 강도와 강성이 높음
② 고무 : 부드럽고 회전수 조절이 잘됨.
③ 우드 : 가벼움, 저렴함
④ 플라스틱 : 무게가 많이 나감. 저렴하고 가공이 쉬움

24. 조종자 비행자격 취소 사항으로 옳은 것은?

① 고의 또는 과실로 초경량비행장치 사고를 일으켜 인명피해나 재산 피해를 발생시킬 경우
② 초경량비행장치 조종자 증명의 효력정지 기간 내에 초경량비행을 1회 비행시킨 경우
③ 주류 등을 섭취하고 사용한 경우
④ 벌금 이상의 형을 선고받은 경우

25. 초경량비행장치를 멸실하였을 경우 신고기간은?

① 15일 ② 30일
③ 3개월 ④ 6개월

제123조(초경량비행장치 변경신고 등)
① 초경량비행장치소유자등은 제122조 제1항에 따라 신고한 초경량비행장의 용도, 소유자의 성명 등 국토교통부령으로 정하는 사항을 변경하려는 경우에는 국토교통부령으로 정하는 바에 따라 국토교통부장관에게 변경신고를 하여야 한다.
② 초경량비행장치소유자등은 제122조 제1항에 따라 신고한 초경량비행장치가 멸실되었거나 그 초경량비행장치를 해체(정비등, 수송 또는 보관하기 위한 해체는 제외한다)한 경우에는 그 사유가 발생한 날부터 15일 이내에 국토교통부장관에게 말소신고를 하여야 한다.
③ 초경량비행장치소유자등이 제2항에 따른 말소신고를 하지 아니하면 국토교통부장관은 30일 이상의 기간을 정하여 말소신고를 할 것을 해당 초경량비행장치소유자등에게 최고하여야 한다.
④ 제3항에 따른 최고를 한 후에도 해당 초경량비행장치소유자등이 말소신고를 하지 아니하면 국토교통부장관은 직권으로 그 신고번호를 말소할 수 있으며, 신고번호가 말소된 때에는 그 사실을 해당 초경량비행장치소유자등 및 그 밖의 이해관계인에게 알려야 한다.

정답 22. ② 23. ② 24. ② 25. ①

예상문제 IV

01 다음 중 초경량비행장치 신고 시 필요한 서류가 아닌 것은?

① 초경량비행장치를 소유하거나 사용할 수 있는 권리가 있음을 증명하는 서류
② 초경량비행장치 보험가입증명서
③ 초경량비행장치 성능 및 제원
④ 초경량비행장치의 사진(가로 15센티미터, 세로 10센티미터의 측면사진)

02 다음 중 초경량비행장치 지도조종자의 등록 취소요건으로 옳지 않은 것은?

① 벌금형의 행정처분을 받은 경우
② 비행경력증명서등(로그북을 제외한다)을 허위로 제출한 경우
③ 실기시험위원으로 지정된 사람이 부정한 방법으로 실기시험을 진행한 경우
④ 거짓이나 그 밖의 부정한 방법으로 지도조종자로 등록된 경우

03 프로펠러의 크기로 22×6이라 쓰여 있었다. 다음 중 이에 대한 옳은 설명은?

① 프로펠러의 직경이 22센티미터이고, 피치가 6센티미터이다.
② 프로펠러의 직경이 22센티미터이고, 피치가 6인치이다.
③ 프로펠러의 직경이 22인치이고, 프로펠러가 회전 시 전진하는 거리가 6인치이다.
④ 프로펠러의 직경이 22센티미터이고, 프로펠러가 회전 시 전진하는 거리는 6인치이다.

04 다음 중 초경량비행장치사용사업의 사업개선 명령사항으로 옳지 않은 것은?
① 사업계획의 변경
② 초경량비행장치 및 그 밖의 시설의 개선
③ 항공기사고로 인하여 지급할 손해배상을 위한 보험계약의 체결
④ 비행안전에 대한 방해요소를 제거하기 위하여 필요한 사항으로서 국토교통부령으로 정하는 사항의 개선

05 다음 중 관제공역에 속하지 않는 구역은?
① A구역
② B구역
③ E구역
④ G구역

06 멀티콥터가 좌회전 조작을 하고자 할 때, 프로펠러의 회전에 관한 설명으로 옳은 것은?
① 기체의 앞쪽의 프로펠러의 회전속도가 빨라지고, 뒤쪽의 프로펠러의 속도는 느려진다.
② 기체의 좌측 프로펠러의 회전속도가 빨라지고, 우측 프로펠러의 회전속도는 느려진다.
③ 기체의 좌회전 프로펠러의 속도는 느려지고, 우회전 프로펠러의 속도는 빨라진다.
④ 기체의 좌회전 프로펠러의 속도는 빨라지고, 우회전 프로펠러의 속도는 느려진다.

정답 01. ② 02. ② 03. ③ 04. ④ 05. ④ 06. ③

07 다음 중 인적요인의 목적으로 옳지 않은 것은?

① 사용의 편리성
② 안전의 향상
③ 기계의 신뢰도 향상
④ 생산성 향상

08 초경량비행장치 무인멀티콥터 조종자인 경우, 적용이 제외되는 조종자 준수사항은?

① 인명이나 재산에 위협을 초래할 우려가 있는 낙하물을 투하하는 행위
② 인구가 밀집된 지역이나 그 밖에 사람이 많이 모인 장소의 상공에서 인명 또는 재산에 위험을 초래할 우려가 있는 방법으로 비행하는 행위
③ 안개 등으로 인하여 지상목표물을 육안으로 식별할 수 없는 상태에서 비행하는 행위
④ 비행 중 마약류 또는 환각물질 등을 섭취하거나 사용하는 행위

09 다음 중 초경량비행장치 사용사업 등록 결격 사유로 옳지 않은 것은?

① 대한민국 국민이 아닌 사람, 외국정부 또는 외국의 공공단체
② 위의 ①의 어느 하나에 해당하는 자가 주식이나 지분의 3분의 1이상을 소유한 경우
③ 피성년후견인, 피한정후견인 또는 파산선고를 받고 복권되지 아니한 사람
④ [항공안전법]을 위반하여 금고이상의 실형을 선고받은 자

10 무인멀티콥터에 사용되는 리튬폴리머에 대한 설명으로 옳은 것은?
① 메모리현상이 거의 없다.
② 수소와 산소의 화학반응으로 발생하는 전기를 사용한다.
③ Ni-Cd에 비해 무겁다.
④ 납축전지에 비해 무겁다.

11 다음 중 비행승인을 받지 않아도 되는 경우는?
① 비행장 주변 관제권에서 비행하고자 하는 경우
② 비행금지구역에서 비행하고자 하는 경우
③ 지상고도 150m 이상에서 비행하고자 하는 경우
④ 무인동력비행장치로서 최대이륙중량이 25킬로그램 이하의 무인멀티콥터를 운용하는 경우

12 Brush없는 모터에 대한 설명으로 옳지 않은 것은?
① 정확한 속도제어가 가능하다.
② Brush모터에 비해서 수명이 길다.
③ 구동을 위한 제어기가 필요하다. ESC가 필요
④ Brush모터에 비해 가격이 싸다.

13 다음 중 항공교통관제업무가 제공되는 공역이 아닌 곳은?
① 관제권   ② 비행장교통구역
③ 관제구   ④ 정보구역

정답 07. ③ 08. ③ 09. ② 10. ① 11. ④ 12. ④ 13. ④

14 다음 중 배터리 관리방법으로 옳지 않은 것은?

① 다른 제품의 배터리를 연결해서는 안 된다.
② 배터리 완충 후 충전기에서 분리해야 한다.
③ 배터리 폐기 시 소금물에 2~3일간 담가둔다.
④ 장기보관 시 완충하여 보관한다.

장기보관시 50~70% 정도 방전해서 보관한다.

15 다음 중 특별비행승인사항으로 옳지 않은 것은?

① 일몰 후 초경량비행장치를 운용하고자 하는 경우
② 관제권내에서 초경량비행장치를 운용하고자 하는 경우
③ 비가시권 비행을 하고자 하는 경우
④ 야간에 비가시권 비행을 하고자 하는 경우

16 기체를 이륙하고자 할 때 확보해야하는 최소 안전거리는?

① 이륙 반경 15m
② 이륙 반경 5m
③ 이륙 반경 3m
④ 조종하는 상황에 따라 다르다.

17 드론산업의 발전 동향에 대한 설명으로 옳지 않은 것은?

① 드론산업 드론 발전가능성에 제한이 있다.
② 트랜스폰더 등의 경량화, 소형화로 인한 발전
③ See&Avoid의 대안으로 레이더 등을 장착
④ Fail-safe 기능 장착

18 다음 중 설명으로 옳지 않은 것은?

① 인간은 양안을 가지고 있어 거리판단 및 원근감을 느끼는 '입체시'
② 인간은 어두운 환경으로 들어가는 경우 '명순응' 때문에 일시적으로 잘 보이지 않는다.
③ 거리판단을 위해서 양안의 기능이 중요하므로 안대를 착용하고서는 비행체를 운용하기 쉽지 않다.
④ 외부에 대한 대부분의 정보를 시각에 의존하여 얻는다.

19 무인항공기의 운용인력에 대한 설명으로 옳지 않은 것은?

① 지상통제소 내의 조종석에 앉아 있는 '내부조종자'와 외부에서 무선원격조종기로 조종을 하는 '외부조종사'로 구분된다.
② '기장'은 반드시 내부조종사가 맡으며, 나머지 한 사람이 자동적으로 부조종사의 역할을 담당한다.
③ '육안감시자'는 조종사 및 관제사 등과 원활한 의사소통이 가능하도록 비행, 기상, 관제에 관한 교육훈련과정 이수가 필수이다.
④ '탐지장비 통제사'의 경우 무인항공기에 탑재된 영상장비 및 센서를 조종하여 정보를 수집하는 역할을 담당한다.

20 초경량비행장치 사용사업의 등록 시 사업계획서에 들어가는 내용이 아닌 것은?

① 사업목적 및 범위
② 안전관리대책
③ 사업 개시 예정일
④ 사업 개시 후 3개월간 운용 재원 계획

정답 14. ④ 15. ② 16. ① 17. ① 18. ② 19. ② 20. ④

21 초경량비행장치 변경신고사항으로 국토교통부령으로 정하는 사항이 아닌 경우는?
① 초경량비행장치의 용도
② 초경량비행장치의 소유자 등의 성명
③ 초경량비행장치의 안전성 인증검사 결과의 변경
④ 초경량비행장치의 보관장소

22 다음 중 초경량비행장치 사용사업 등록 취소사유로 옳지 않은 것은?
① 사업개선 명령을 이행하지 아니한 경우
② [채무자 회생 및 파산에 관한 법률]에 따라 법원이 회생절차개시의 결정을 하고 그 절차가 진행 중인 경우
③ 신고를 하지 아니하고 사업을 양도·양수한 경우
④ 신고 없이 휴업한 경우 및 휴업기간이 지난 후에도 사업을 시작하지 아니한 경우

23 비행경력증명서 기재요령에 대한 설명으로 옳지 않은 것은?
① ④항의 '형식'은 제조사에서 정한 고유 모델명을 기재한다.
② ⑥항의 '최종인증검사일'은 비행 당일 운용하는 기체의 최종적인 안전성인증일자를 기재한다.
③ ⑦항의 '임무별 비행시간' 중의 기장은 조종자증명을 받지 않은 사람은 단독 또는 지도조종자와 함께 비행한 시간을 기재한다.
④ ⑧항의 '지도조종자'란의 경우 조종자증명을 받지 않은 사람은 비행교육을 실시한 지도조종자의 성명, 자격번호 및 서명을 기재한다.

24 초경량비행장치 사용사업 사업계획 변경 신고 사유로 옳지 않은 것은?
① 자본금의 감소
② 사업소의 신설 또는 변경
③ 대표자의 변경
④ 안전운항을 위한 정비로서 예견하지 못한 정비

25 다음 중 대표적인 인적요인 모델의 연결이 잘못 된 것은?
① Hardware – 항공기, 장비, 연장, 시설 등
② Software – 규정, 절차, 매뉴얼, 작업카드 등
③ Environment – 온도, 습도, 조명, 기상 등
④ Liveware – 회식, 워크샵, 스킨쉽, 여가문화 등

정답 21. ③ 22. ② 23. ③ 24. ④ 25. ④

초경량 비행장치
무인멀티콥터

발행 2022년 10월 6일

이 책을 함께 만든 사람들

발 행 처 (주)한솔아카데미
지 은 이 권희춘, 김병구
발 행 인 이종권
주　　소 서울시 서초구 마방로10길 25
　　　　　트윈타워A동 20층 2002호
대표전화 02)575-6144
출판등록 1998년 2월 19일(제16-1608호)
홈페이지 www.bestbook.co.kr / www.inup.co.kr

기획 및 내지디자인 최상식, 안주현
표지디자인 강수정
마 케 팅 한종호

ISBN 979-11-6654-192-6 (13550)
정 가 22,000원

• 잘못된 책은 구입처에서 교환해 드립니다.